Gleichstromtrassen und ihre Auswirkungen

Lizenz zum Wissen.

Sichern Sie sich umfassendes Technikwissen mit Sofortzugriff auf tausende Fachbücher und Fachzeitschriften aus den Bereichen: Automobiltechnik, Maschinenbau, Energie + Umwelt, E-Technik, Informatik + IT und Bauwesen.

Exklusiv für Leser von Springer-Fachbüchern: Testen Sie Springer für Professionals 30 Tage unverbindlich. Nutzen Sie dazu im Bestellverlauf Ihren persönlichen Aktionscode **C0005406** auf www.springerprofessional.de/buchaktion/

Jetzt 30 Tage testen!

Springer für Professionals.
Digitale Fachbibliothek. Themen-Scout. Knowledge-Manager.

- 🔎 Zugriff auf tausende von Fachbüchern und Fachzeitschriften
- 😊 Selektion, Komprimierung und Verknüpfung relevanter Themen durch Fachredaktionen
- 🔗 Tools zur persönlichen Wissensorganisation und Vernetzung

www.entschieden-intelligenter.de

Springer für Professionals

Andreas Bonné

Gleichstromtrassen und ihre Auswirkungen

Grundlagen, Aktueller Stand und offene Fragen

Andreas Bonné
Kempten, Deutschland

ISBN 978-3-658-12663-6   ISBN 978-3-658-12664-3 (eBook)
DOI 10.1007/978-3-658-12664-3

Die Deutsche Nationalbibliothek verzeichnet diese Publikation in der Deutschen Nationalbibliografie; detaillierte bibliografische Daten sind im Internet über http://dnb.d-nb.de abrufbar.

Springer Vieweg
© Springer Fachmedien Wiesbaden 2016
Das Werk einschließlich aller seiner Teile ist urheberrechtlich geschützt. Jede Verwertung, die nicht ausdrücklich vom Urheberrechtsgesetz zugelassen ist, bedarf der vorherigen Zustimmung des Verlags. Das gilt insbesondere für Vervielfältigungen, Bearbeitungen, Übersetzungen, Mikroverfilmungen und die Einspeicherung und Verarbeitung in elektronischen Systemen.
Die Wiedergabe von Gebrauchsnamen, Handelsnamen, Warenbezeichnungen usw. in diesem Werk berechtigt auch ohne besondere Kennzeichnung nicht zu der Annahme, dass solche Namen im Sinne der Warenzeichen- und Markenschutz-Gesetzgebung als frei zu betrachten wären und daher von jedermann benutzt werden dürften.
Der Verlag, die Autoren und die Herausgeber gehen davon aus, dass die Angaben und Informationen in diesem Werk zum Zeitpunkt der Veröffentlichung vollständig und korrekt sind. Weder der Verlag noch die Autoren oder die Herausgeber übernehmen, ausdrücklich oder implizit, Gewähr für den Inhalt des Werkes, etwaige Fehler oder Äußerungen.

Gedruckt auf säurefreiem und chlorfrei gebleichtem Papier.

Springer Vieweg ist Teil von Springer Nature
Die eingetragene Gesellschaft ist Springer Fachmedien Wiesbaden GmbH

Vorwort

Dieses Buch ist weder ein klassisches Sachbuch, noch eine strenge wissenschaftliche Arbeit. Vielleicht ist das Buch am ehesten mit dem Begriff „Beobachten – Kombinieren und Fragen stellen" zu beschreiben. Es ist bestimmt keine Hetzschrift gegen Etwas oder eine Werbeschrift für Etwas. Vielleicht sollten wir bei dem Begriff „Fragebuch" bleiben.

Die Leser, die erwarten, dass hier ein Problem oder ein Skandal aufgedeckt, thematisiert und angeprangert wird, werden enttäuscht werden. Denn dieses Buch soll keine schnelle und vorgefertigte Meinung vermitteln. Stattdessen ermutigt es, sich selbst möglichst unvoreingenommen mit einer komplexen Fragestellung zu beschäftigen, um sich anschließend eine unabhängige Meinung bilden zu können.

Das hier dargestellte Thema war während der Erstellungsphase so tagesaktuell, dass schon vor der finalen Fertigstellung des Manuskriptes eine Überarbeitung notwendig wurde. Die Informationen über die Bundeskabinettbeschlüsse bezüglich der neuen Stromtrassen vom 07.10.2015 sind hier mit eingeflossen.

An dieser Stelle möchte ich gerne denjenigen Menschen danken, die mich zu diesem interessierten Beobachter der Welt haben werden lassen und mich während des Schreibens des Buches so geduldig unterstützt haben. Zuerst sind natürlich meine Eltern zu nennen, die mich nicht immer in allen Belangen verstanden haben, mich aber trotzdem haben zu demjenigen werden lassen, der ich heute bin. Über meinen Physiklehrer wird später nochmals gesondert berichtet. Großen Dank möchte ich dem Springer Vieweg Verlag und seinen Mitarbeitern aussprechen, die sich dieses Themas angenommen haben und mir mit Rat und Tat zu jeder Zeit zur Seite standen. Einen besonderen Dank möchte Julia Menz und Anne Müller für ihre Geduld und ihre offene Kritik für das Korrekturlesen aussprechen.

Inhaltsverzeichnis

1	**Einführung**		1
	1.1	Wofür steht dieses Buch?	1
	1.2	Kann jede Frage immer einfach beantwortet werden?	1
	1.3	Einführung ins Thema	2
	1.4	Welche Fachgebiete werden tangiert und einfach erklärt?	4
2	**Elektrotechnik**		7
	2.1	Der Stromkreis	7
	2.2	Was ist eigentlich elektrischer Strom?	8
	2.3	Spannung und Strom mal anders erklärt	8
	2.4	Wechselstrom im Haushalt	11
	2.5	Der Stromtransport in Deutschland heute und in Zukunft	11
		2.5.1 Heute erfolgt der Stromtransport mittels Wechselstrom	11
		2.5.2 Künftig erfolgt der Stromtransport mittels Gleichstrom über große Entfernungen	12
		2.5.3 Erklärungen der Begriffe aus den Veröffentlichungen	14
		2.5.4 Über die Freileitungen	14
		2.5.5 Über die bisher untersuchten Konsequenzen der Freileitungen des Höchstspannungsgleichstroms	21
	Literatur		23
3	**Kernphysik**		25
	3.1	Was ist eigentlich Kernphysik?	25
	3.2	Die Aufklärungsarbeit zum Thema Radioaktivität	26
		3.2.1 Einführung	26
		3.2.2 Ferner wird über die unterschiedlichen Strahlungsarten festgehalten	27
		3.2.3 Über die Größenordnung der ionisierenden Strahlung	27

		3.2.4	Herkunft der unterschiedlichen radioaktiven Stoffe in unserer Umgebung	27
		3.2.5	Über die unterschiedlichen Wirkungsweisen der Strahlungsarten	28
		3.2.6	Das natürlich vorkommende Kalium hat auch ein radioaktives Isotop (Kalium-40)	28
		3.2.7	Wie stark trägt Kalium-40 zur Strahlungsbelastung der Bevölkerung bei?	28
		3.2.8	Erklärung des Fachbegriffes Strahlenexposition	28
		3.2.9	Radon ist ein Radionuklid der Zerfallsreihen von Uran und Thorium. Wie stark trägt Radon zur Strahlenbelastung bei?	29
		3.2.10	Bezüglich der natürlichen Radonkonzentration	29
		3.2.11	Radon im Wasser	29
		3.2.12	Radonkonzentration in trockenen Böden	30
		3.2.13	Über den Begriff Strahlenschutz	30
	3.3	Weitere Informationen über Radon aus einer anderen Veröffentlichung		30
	3.4	Etwas allgemeiner über natürliche Strahlenbelastung berichtet die Bundesregierung im Jahr 2003		31
	3.5	Über die gesundheitlichen Folgen von Radon		32
	3.6	Aus einer Projektarbeit von Schülerinnen im Alter zwischen 14 und 16 Jahren		33
	3.7	Strahlenbelastung durch nicht natürliche Quellen		33
		Literatur		35
4	**Das Experiment**			37
	4.1	Ein Experiment Ende der Siebziger Jahre		37
	4.2	Inzwischen wird das oben beschriebene Experiment als mögliches Schulexperiment empfohlen		39
	4.3	Ein Patent zur Ansammlung geladener Teilchen		40
	4.4	Die Beweglichkeit der radioaktiven Zerfallsprodukte		40
		Literatur		42
5	**In welchem Gesamtzusammenhang stehen diese Themen und welche Fragen ergeben sich daraus?**			43
	5.1	Die Generalfrage		43
		5.1.1	Sind wir nicht gerade dabei ein überdimensionales Physikexperiment durch unsere Republik zu bauen?	43

5.2	Auswirkung der Spannungshöhe?	45
5.3	Fortlaufender Nachschub für die zerfallenen Isotope?	45
5.4	Geologie am Wohnort und Sammelrate der geladenen Teilchen – ein Zusammenhang?	45
5.5	Hat eine lang anhaltende Trockenheit einen Einfluss?	45
5.6	Kalium steckt in Kunstdünger	47
5.7	Der Einfluss von Starkwind	47
5.8	Saharastaub kommt bis zu uns	47
5.9	Die Abbaurückstände der Urangewinnung	49
5.10	Künstliche Zerfallsprodukte	49
5.11	Welches gesamte Ansammlungsvermögen haben die HGÜ?	49
5.12	Mögliche Konsequenzen, sofern sich eine Strahlungsquelle in Form der HGÜ bildet?	50
5.13	Das weitere Vorgehen	51
	Literatur	53

Abbildungsverzeichnis

Abb. 1.1	Traktor unter Stromtrasse in der Nähe von Atomkraftwerk ...	3
Abb. 1.2	Getreidefeld in der Nähe eines Atomkraftwerkes	4
Abb. 2.1	Die Fallhöhe vom Wasser ist mit der elektrischen Spannung vergleichbar	9
Abb. 2.2	Flussbetthöhe und Flussbettbreite bestimmen die Wassermasse. Dies ist vergleichbar mit der elektrischen Stromstärke	10
Abb. 2.3	Heutige Wechselspannungsleitungen transportieren den Strom in den Süden der Republik	12
Abb. 3.1	Die internationale Atomenergie Agentur hat am 15.02.2007 ein neues Logo herausgegeben	31
Abb. 5.1	Strahlen die künftigen HGÜ	44
Abb. 5.2	Landwirtschaftliche Nutzung direkt unterhalb der Stromtrassen	46
Abb. 5.3	Kühe weiden unterhalb der Hochspannungsleitungen	46
Abb. 5.4	Dünen entstehen durch Sandverfrachtungen. Dabei gelangt permanent Staub in große Höhen	48
Abb. 5.5	Hochspannungsmast mit Vogelnest	51
Abb. 5.6	Hochspannungsleitungen verteilen den Strom von einem Atomkraftwerk...............................	52

Einführung 1

Wie aus Beobachtungen, Neugier und Kombination von vorhandenem Wissen dieses Buch entstand.

Zusammenfassung

In der Einführung wird erklärt, wofür dieses Buch stehen soll und was dieses Buch eben nicht darstellt. Es geht letztendlich, um die Aufforderung an den Leser, sich selbst mit den vermeintlich einfachen Zusammenhängen in seinem Umfeld näher und aus einer anderen Perspektive zu beschäftigen. Es werden die einzelnen Themengebiete benannt und die Position des Autors dargestellt.

1.1 Wofür steht dieses Buch?

Hauptziel des Buches ist die Animation, sich selbst etwas intensiver mit den vermeintlich einfachen Dingen zu beschäftigen, mehrere Informationskanäle (dem Internet sei Dank) anzuzapfen und eigene Erfahrungen und Beobachtungen bewusst in einen Gesamtzusammenhang einzuordnen. Ein weiteres Ziel dürfte der Versuch sein, komplexe naturwissenschaftliche und technische Vorgänge so einfach zu erläutern, dass auch interessierte Laien eine Freude beim Lesen verspüren.

1.2 Kann jede Frage immer einfach beantwortet werden?

Anfangs werden wir eine minimale Wissensbasis für die relevanten Gebiete schaffen, sie dann im nächsten Schritt miteinander in einem neuen Gesamtzusammenhang sehen und gewisse Effekte miteinander kombinieren. Fortlaufend, jedoch insbesondere im Schlussteil geht es darum, die Fragen, die uns beschäftigen, klar und nachdrücklich zu stellen. Ich werde immer wieder betonen, dass auch ich selbst nicht der Spezialist in einem bestimmten Fachgebiet bin und somit nicht befugt, die Antworten zu geben. Das soll die Aufgabe für wirkliche Spezialisten oder diejenigen bleiben, welche sich dafür berufen fühlen.

In der heutigen Zeit wird stets gefordert, dass zu jeder Fragestellung unmittelbar eine vollumfängliche und natürlich richtige Antwort und Lösung innerhalb kürzester Zeit gegeben werden kann. Dies scheint auch die Maxime für politische Entscheidungen geworden zu sein. Nicht sofort eine Lösung liefern zu können, wird als Schwäche ausgelegt. Wenn wir ehrlich zu uns selbst sind, ist es nicht auch genauso bei einem Arztbesuch? Der Arzt soll untersuchen, unmittelbar eine richtige Diagnose stellen und mittels der Ausstellung eines Rezeptes das Thema für uns heilen. Ein weiteres Beispiel sind Journalisten und Reporter. Diese Berufsgruppen sind angehalten über die tagesaktuellen Brennpunkte nicht nur zu berichten, sondern auch zu analysieren, zu bewerten und so zu informieren, dass jedermann sofort diese Version der Geschehnisse verstehen und weitererzählen kann. Die Antworten dürfen immer nur gut oder schlecht, bzw. ja oder nein heißen. Ist dies jedoch realistisch? Ist unsere moderne Welt nicht zu komplex, um sie ausschließlich in schwarz oder weiß zu sehen?

1.3   Einführung ins Thema

Die Geschichte zu diesem Buch begann genau mit solch einer vermeintlich perfekten Antwort auf eine dringende Frage, die uns beschäftigt: Wie können wir unseren Bedarf an elektrischer Energie langfristig und sicher decken? Ist es ein guter oder ein falscher Weg die Energieversorgung mithilfe von Kernkraftwerken zu regeln? Ist die Energiegewinnung durch Solarzellen und Windkraftanlagen nicht eine tolle Angelegenheit?

Bestimmt ist die regenerative Stromerzeugung doch eine risikolose und umweltfreundliche Sache im Vergleich zur Stromerzeugung durch Atomkraftwerke (siehe Abb. 1.1). So wurde uns dies vor Jahren immer wieder gesagt und das in Frage stellen der regenerativen Form der Stromerzeugung wurde gesellschaftlich regelrecht geächtet. Auch ich, persönlich, empfinde eine Energieerzeugung durch die Sonne und den Wind deutlich angenehmer, als durch ein Atomkraftwerk. Aber existieren bei diesem Wandel auch Themen, die unschön und risikobehaftet sind?

Inzwischen gibt es kritische Stimmen, bezüglich der Lärmemissionen von großen Windkraftanlagen und der Frage, der bedarfsgerechten Energieverteilung zwischen den Orten der Energiegewinnung und den Abnehmern der Energie, mit-

1.3 Einführung ins Thema

Abb. 1.1 Traktor unter Stromtrasse in der Nähe von Atomkraftwerk

tels der sogenannten neuen Stromtrassen. Sind dies die einzigen Fragen, welche wir in diesem Zusammenhang stellen sollten?

Bevor wir mit den weiteren Aspekten voranschreiten, möchte ich klarstellen, dass ich selbst weder ausschließlich für oder gegen regenerative Energien bin und auch weder einen ausschließlichen Befürworter oder einen Gegner der geplanten, neuen Stromtrassen darstelle. Ich bin, an dieser Stelle, politisch völlig losgelöst von den etablierten Parteien und Meinungen, sondern lediglich ein neugierig gebliebener Fragesteller, der die Welt differenzierter sieht und die Dinge genauer verstehen möchte.

Anlässlich der schrecklichen Katastrophe im Atomkraftwerk in Fukushima in Japan, wurde in Deutschland die Entscheidung getroffen, die verbleibenden Atomkraftwerke schnellstmöglich abzuschalten und auf regenerative Energieformen zu bauen. Die Abb. 1.2 zeigt ein Getreidefeld in unmittelbarer Umgebung des Atomkraftwerkes Grundremmingen in Bayern.

Als Konsequenz aus dem geplanten Abschalten der bestehenden Atomkraftwerke, wurden der Neubau und die Installation von Solarzellen und von Windkraftwerken forciert, meistens in Windparks zusammengefasst. Relativ schnell bemerkte man, dass der Netzausbau der Hochspannungsleitungen ebenfalls mit angegangen

Abb. 1.2 Getreidefeld in der Nähe eines Atomkraftwerkes

werden sollte. Sehr große Energiemengen müssen aus dem Norden der Republik, speziell aus den Windparks an der Küste und auf hoher See, transportiert werden. Hauptabnehmer der Energie ist eher der Süden der Republik. Daher wurde ebenfalls schnell klar, dass mit der heutigen Stromübertragungstechnik mittels Wechselstrom – Hochspannungsleitungen die Verluste während des Stromtransportes sehr groß ausfallen werden. So wurde die Übertragungstechnik mittels Gleichstrom – Hochspannungsleitungen, weil diese mit weniger Verlusten behaftet, angestrebt. Die Informationen über diese geplante Stromübertragungstechnik fanden somit Einzug in die Medien und über diesen Weg auch in die Köpfe vieler Menschen.

Bei mir lösten diese Informationen alte Erinnerungen und neue Fragen aus.

1.4 Welche Fachgebiete werden tangiert und einfach erklärt?

Um Sie auf diese Reise mitnehmen zu können, ist es jedoch erforderlich, etwas über naturwissenschaftliche Vorgänge zu wissen oder zumindest ein Gefühl für sol-

1.4 Welche Fachgebiete werden tangiert und einfach erklärt?

che Vorgänge entwickeln zu können. Obwohl wir Themengebiete aus der Physik (Elektrotechnik und Kernphysik), der Meteorologie, der Geologie, der Chemie und der Biologie streifen werden, brauchen Sie sich nicht vor komplizierten Formeln oder unverständlichen Fachbegriffen zu fürchten. Denn ich bin auch kein Fachexperte für all diese Themengebiete, sondern lediglich ein interessierter Bürger, so wie Sie. Das Ziel dieses Buches ist lediglich, Sie mit den betroffenen Vorgängen soweit vertraut zu machen, dass Sie selbst ein Gefühl dafür entwickeln können und sich ihre eigenen Gedanken dazu machen zu können. Ferner wird es später gewiss schwerer sein, Sie mit wortgewaltigen Beschwichtigungsversuchen von Spezialisten ruhig zu stellen. Die hier im Buch zitierte Literatur ist für jedermann öffentlich zugänglich und von den wirklichen Fachexperten verfasst worden. Die Zielrichtung, dieser verwendeten Veröffentlichungen, ist jedoch häufig die, Informationen von Experten für Experten zu verfassen. Sehen Sie bitte den zitierten Autoren nach, dass ihre Texte daher bisweilen etwas schwieriger zu verstehen sind. Wichtig für den Gesamtzusammenhang dieses Buches ist ein grobes Verständnis sowie ein Gefühl für die beschriebenen Inhalte. Sie werden sehr schnell bemerken, dass beispielsweise die genannten Zahlenwerte nicht sonderlich ausschlaggebend sind, sondern die Möglichkeit bieten, die Zahlenwerte grob einschätzen zu können.

Elektrotechnik   2

Physikalische Zusammenhänge können auch einfach erklärt werden.

Zusammenfassung

Im Kapitel Elektrotechnik geht es zuerst um eine sehr einfache und eher ungewöhnliche Darstellung der Zusammenhänge im elektrischen Stromkreis für Laien. Es wird die aktuelle Versorgung Mitteleuropas mit elektrischer Energie kurz dargestellt und der Bogen zur sogenannten Energiewende und den neu geplanten Stromtrassen gespannt. Dabei kommt die Bundesregierung genauso wie die Netzbetreiber zu Wort. Der nun vorgesehene Vorrang der Erdverkabelung wird ausführlich beleuchtet.

2.1 Der Stromkreis

Wir alle haben täglich an vielen Stellen mit Elektrotechnik zu tun und dies geschieht so automatisch, dass wir daran kaum noch einen Gedanken verschwenden. Schalten wir beispielsweise das Licht an, so schließen wir technisch gesehen einen elektrischen Stromkreis. Der elektrische Strom, der in unsere Wohnung eingespeist wird, fließt über die hausinternen Stromleitungen – meistens aus Kupfer – bis zu dem Lichtschalter. Ist der Schalter geschlossen, so kann der Strom über die Zuleitung bis zur Leuchtkörperfassung (früher durfte man von Glühbirnenfassung sprechen) fließen. Gerade an einer Glühbirne lässt sich die Funktion eines Leuchtkörpers schön erklären, also bleiben wir momentan dabei. Von der unteren Kontaktstelle der Glühbirne fließt der Strom bis zum Glühfaden. Weil der Glühfaden nur eine geringe Dicke (im Vergleich zu den Zuleitungskabeln) aufweist und daher eine Engstelle für den Strom darstellt, wird er während des Stromdurchflusses durch die Reibung des Stroms so heiß, dass er zu glühen beginnt und dabei Licht und Wärme abgibt. Nach dem Passieren des Glühfadens, fließt der Strom zum Schraubgewinde der Glühbirne und über die Lampenfassung in die hausinterne Zuleitung zurück. Damit ist für uns hier der Stromkreis geschlossen, obwohl dies eigentlich nicht ganz richtig ist. Letztendlich wird der Stromkreis erst im Stromgenerator des Kraftwerks geschlossen, aber dies würde hier momentan zu weit führen und ist auch nicht ausschlaggebend.

2.2 Was ist eigentlich elektrischer Strom?

Uns beschäftigen momentan andere Fragen. Was genau ist eigentlich der Strom und warum wird der Glühfaden tatsächlich warm? Den elektrischen Strom kann man nicht direkt anfassen oder direkt sehen. Eine ausreichend genaue Erklärung ist die, wenn man sagt, dass in solch einem Stromkreis sogenannte Elektronen (ganz, ganz kleine und fast masselose Teilchen, die elektrisch aufgeladen sind) fließen. Diese Elektronen haben die Aufgabe, ihre winzige Ladungsmenge von dem einen Pol des Stromkreises zum anderen Pol des Stromkreises zu transportieren, um so ein klein wenig zum Ausgleich beizutragen. Nun ist der Energieinhalt eines einzigen Elektrons wirklich sehr winzig und würde alleine nicht zum Erwärmen des Glühfadens ausreichen. Also schließen sich eine sehr große Anzahl an Elektronen zusammen und machen genau das Gleiche und zwar mit einer sehr hohen Geschwindigkeit. Durch die Vielzahl der Elektronen und deren hoher Bewegungsenergie im Stromkreis, wird im Glühfaden so viel Reibung (der Glühfaden ist sozusagen eine Engstelle für die Elektronen) erzeugt, bis er warm und dann sogar glühend heiß wird.

2.3 Spannung und Strom mal anders erklärt

Wie verhält sich das mit der elektrischen Spannung und der Stromstärke? Die elektrische Spannung (in Volt (V) gemessen) ist gut mit einem Wildbach in den Bergen vergleichbar. Je größer der Höhenunterschied zwischen der Quelle oben am Berg und dem Flussbett unten im Tal ist (siehe Abb. 2.1), umso größer ist das Bestreben des Wassers und damit eines jeden einzelnen Wassertropfens nach unten zu stürzen.

Im elektrischen Stromkreis stürzen die Elektronen bei einer hohen Spannung besonders gerne von dem einen Pol (besser gesagt Potential) zum anderen Pol. In unserem hier verwendeten Vergleich entspricht ein einzelner Wassertropfen im

2.3 Spannung und Strom mal anders erklärt

Abb. 2.1 Die Fallhöhe vom Wasser ist mit der elektrischen Spannung vergleichbar

Wildbach einem einzelnen Elektron im elektrischen Stromkreis. Die Stromstärke (in Ampere (A) gemessen) ist mit der Menge an Wasser im Flussbett gut zu beschreiben. Je breiter das Flussbett und je höher das Wasser im Flussbett steht, umso größer ist die Wassermenge (siehe Abb. 2.2), die in einer bestimmten Zeit durch das Flussbett fließt.

Theoretisch könnte man auch die Anzahl der Wassertropfen im Flussbett zählen und sagen wie viele Wassertropfen pro Zeiteinheit vorbeifließen. Im elektrischen Stromkreis ist die Anzahl der Elektronen, die pro Zeiteinheit durch den Stromkreis fließen, ein Maß für die Stromstärke.

Nur wenn sowohl die elektrische Spannung ausreichend hoch ist und gleichzeitig die Stromstärke ausreichend ist, kann der Glühfaden beginnen zu glühen. Ist beispielsweise nur die Spannung sehr hoch und die Stromstärke fast null, so wird die Glühbirne nicht leuchten. Es wäre sogar gefahrlos möglich, den elektrischen Strom durch den eigenen Körper fließen zu lassen. Wir kennen dies vielleicht von manchen Kleidungsstücken, die sich bei Reibung elektrisch an anderen Ge-

Abb. 2.2 Flussbetthöhe und Flussbettbreite bestimmen die Wassermasse. Dies ist vergleichbar mit der elektrischen Stromstärke

genständen aufladen lassen und wir somit bei Berührung vielleicht einen kleinen Stromstoß spüren. Bisweilen sehen wir in solch einer Situation im Dunkeln auch Funken überspringen. Das zeigt, dass einige Elektronen aufgrund der hohen Spannung (mehrere tausend Volt) von einem Potential (Pol) zum anderen Potential hinüberspringen.

Im Haushalt verwenden wir in Mitteleuropa die bekannten 230 V und ein direktes Überspringen von Elektronen ist eher unwahrscheinlich. In Nordamerika verwendet man eine Spannung von 110 V und reduziert damit noch weiter das Risiko des Überspringens von einzelnen Elektronen. Allerdings müssen in Nordamerika dafür auch die elektrischen Zuleitungen deutlich dicker sein, um den Strom zu transportieren, ohne selbst zu Glühfäden zu werden.

2.4 Wechselstrom im Haushalt

Im Haushalt hat es sich als praktisch erwiesen mit Wechselstrom, anstatt mit Gleichstrom zu arbeiten. Bei Wechselstrom fließen die Elektronen einmal ganz schnell in die eine Richtung durch den Stromkreis und danach in die andere Richtung. Dieser Wechsel geschieht in Europa 50 Mal in der Sekunde. Es gibt zwei Gründe, warum wir mit Wechselstrom arbeiten. Dies ist zum einen der Aufbau der Stromgeneratoren in den Kraftwerken, die Wechselstrom erzeugen. Zum anderen ist es der Vorteil des verlustärmeren Stromtransportes über mittlere Entfernungen gepaart mit den relativ hohen Spannungen (und damit relativ geringeren Stromstärken und damit wiederum den relativ geringen Kabeldurchmessern) der Überlandleitungen. Ferner lässt sich Wechselstrom mit relativ geringem Aufwand von einer Spannung in eine andere Spannung umwandeln. Bei sehr großen Entfernungen des Stromtransportes und sehr hohen Spannungen hat sich hingegen offensichtlich gezeigt, dass die Verwendung von Gleichstrom insgesamt Vorteile bringt. Bei Gleichstrom fließen die Elektronen immer in derselben Richtung durch den Stromkreis.

2.5 Der Stromtransport in Deutschland heute und in Zukunft

2.5.1 Heute erfolgt der Stromtransport mittels Wechselstrom

Im Zuge der sogenannten Energiewende werden künftig große Mengen an Strom im Norden durch Windparks produziert. Die großen Stromabnehmer befinden sich jedoch eher weiter im Süden. Demzufolge besteht die Aufgabe darin, den Strom über längere Distanzen zu transportieren. Die Abb. 2.3 zeigt diverse heutige Stromleitungen, welche die elektrische Energie bis ins Allgäu transportieren.

Relativ schnell wurde die Frage gestellt, ob die vorhandene Infrastruktur in Form der großen Überlandleitungen überhaupt in der Lage ist, diese Aufgabe zu bewältigen. Hierzu wurden nähere Untersuchungen angestellt und eine sehr umfangreiche und abschließende Darstellung erfolgte im „**Endbericht dena Netzstudie II**", welche von einem breit angelegten Konsortium erstellt wurde. Ein Ergebnis der vorliegenden Studien ist, dass wir neue Stromtrassen für den Transport der gewonnenen Energie benötigen werden.

Abb. 2.3 Heutige Wechselspannungsleitungen transportieren den Strom in den Süden der Republik

2.5.2 Künftig erfolgt der Stromtransport mittels Gleichstrom über große Entfernungen

Nun stellt sich die Frage, mit welcher Technik diese großen Energiemengen über solch große Entfernungen transportiert werden sollen.

Hierzu gibt die Internetseite der TenneT, einem der Betreiber der neuen Stromtrassen mit dem Titel **Hochspannungs-Gleichstrom-Übertragung**, eine Antwort:

> (...) Für die zentrale Nord-Süd-Verbindung SuedLink wird mit der Hochspannungs-Gleichstrom-Übertragung (HGÜ) auf eine bewährte Technik gesetzt, die weltweit in vielen Ländern schon eingesetzt wird. Auch in Deutschland wird sie im Zuge der Energiewende eine immer größere Bedeutung bekommen.
>
> Das bestehende Übertragungsnetz in Deutschland wird standardmäßig mit Wechselstrom betrieben. Hierbei wechselt der Strom 50 Mal pro Sekunde zwischen seinem Plus- und Minuspol hin und her und besitzt daher eine Frequenz von 50 Hertz. Dieses Wechselstromnetz ist jedoch nur bedingt einsetzbar, um Strom über weite Entfernungen mit möglichst geringen Verlusten zu transportieren: Hier setzt die HGÜ-Technologie an – und ist deutlich überlegen.

2.5 Der Stromtransport in Deutschland heute und in Zukunft

Beim Gleichstrom wechselt der Strom seine Polarität nicht, sondern bleibt konstant, solange auch die Richtung der Leistungsübertragung gleich bleibt. Mit HGÜ sind die Übertragungsverluste geringer als bei vergleichbaren Wechselstromleitungen. Für den möglichst verlustarmen Transport großer Strommengen über große Strecken ist HGÜ daher die Technologie der Wahl (...). [1]

Die geplante Gleichspannung, die an den Kabeln der Freileitungen anliegen wird, soll mehrere 100.000 V betragen. Hierzu gibt es Konzepte mit nur einem Kabel auf den Masten und geplantem Rückfluss des Stromes (um den Stromkreis schließen zu können) durch das Erdreich, aber auch Konzepte bei denen das eine Kabel mit +500.000 V und das andere Kabel mit −500.000 V beaufschlagt werden. Die Masten und das Erdreich wären dann spannungslos.

Ähnliche Ergebnisse und Empfehlungen ergeben sich auch aus der **dena Netzstudie II**. Warum empfiehlt sich nun also Gleichspannung und warum keine Wechselspannung?

Die Technologien mit Freileitung erweisen sich für alle exemplarisch untersuchten Übertragungsaufgaben als die eher geeigneten Lösungen. Für kleine Übertragungsleistungen (1.000 MW) und kürzere Trassenlängen (100 km) ergibt sich für die konventionelle 380 kV Drehstromfreileitung die beste Bewertung. Bei den drei weiteren exemplarischen Aufgaben erweisen sich oft mehrere Übertragungstechnologien als nahezu gleichwertig, bei Trassenlängen von mehr als 400 km oder noch höheren Leistungen kommen verstärkt die Vorteile der Hochspannungsgleichstromübertragung (HGÜ) zum Tragen. [2, S. 14]

Brauchen wir neue Überlandleitungen:

Die Untersuchung zeigt, dass für die Zielerreichung (Integration der erneuerbaren Energien, Optimierung des Kraftwerksparks, europäischer Stromhandel) eine deutliche Optimierung des Verbundnetzes und der Bau neuer Höchstspannungstrassen notwendig werden. [2, S. 16]

Auf was geachtet werden muss, wenn man Freileitungen, so wie heute üblich, verwendet:

Die Übertragungskapazität von Freileitungen wird begrenzt durch die maximal zulässige Leitertemperatur sowie durch den in den geltenden Normen geforderten Mindestabstand der Leiter zum Boden, der aus Sicherheitsgründen (Verkehrssicherungspflicht) zu jedem Zeitpunkt des Betriebs gewahrt bleiben muss. Der Bodenabstand verändert sich aufgrund der Längendehnung des Leiters mit der Leitertemperatur. Einflussgrößen auf den Bodenabstand sind zum einen der Strom, der den Leiter durchfließt, und zum anderen die Wetterbedingungen, die den Leiter umgeben. Hier haben insbesondere die Größen Umgebungstemperatur, Windgeschwindigkeit und Windanströmwinkel Einfluss auf die Leitertemperatur und damit auf den Durchhang bzw. Bodenabstand. [2, S. 124]

Über die Umwandlung des in den Generatoren (auch Windräder haben kleine Generatoren, wie die großen Generatoren in den heutigen Kraftwerken) erzeugten Wechselstroms in Gleichstrom wird in der dena-Netzstudie II weiter ausgeführt:

> Die HGÜ überträgt die Leistung, indem die dreiphasige Wechselspannung in eine Gleichspannung umgewandelt wird. Dies geschieht mit Hilfe von elektronischen Halbleiterventilen (Thyristoren). Über den Gleichstrom kann die Leistung über weite Strecken übertragen werden. Begrenzende Faktoren wie Induktivitäten und Kapazitäten bei langen Drehstromleitungen können so umgangen werden. Die Übertragungsstrecke kann über eine Gleichstromfreileitung oder ein Gleichstromkabel erfolgen.

Und weiter in der dena-Netzstudie II über das Leistungsvermögen der geplanten HGÜ und im Betrieb befindliche HGÜ:

> Die typische Nennleistung einer HGÜ-Verbindung liegt im Bereich von 1.000–3.000 MW. Das bisher größte klassische HGÜ Projekt entsteht derzeit in China von Xiangjiaba nach Shanghai über eine Entfernung von über 2.000 km und mit einer Übertragungsleistung von 6.400 MW bei der Gleichspannung von ±800 kV. [2, S. 171]

2.5.3 Erklärungen der Begriffe aus den Veröffentlichungen

Jetzt ist es an der Zeit kurz zwei der verwendeten Abkürzungen zu erklären. Eine Gleichspannung von 800 kV (Kilovolt) ist eine Spannung von 800.000 V. Die Abkürzung von MW steht für Megawatt (1.000.000 W) und ist ein Maß für die Leistung. Die Leistung können wir uns im vorher verwendeten Beispiel mit dem Wildbach so vorstellen: Es ist die Kombination (genauer gesagt das Produkt) aus der Fallhöhe des Wassers (elektrisch die Spannung) und der Wassermenge (Breite und Tiefe des mit Wasser gefüllten Baches, also elektrisch der Stromstärke), die pro Zeiteinheit ins Tal stürzt. Eine große Wassermenge, die über eine große Höhe ins Tal stützt, kann viel leisten.

2.5.4 Über die Freileitungen

Ergänzend schrieb die TenneT noch im Juli 2015 auf ihrer Internetseite **Freileitung oder Erdkabel**:

2.5 Der Stromtransport in Deutschland heute und in Zukunft

Zur Stromübertragung auf der Höchstspannungsebene werden überwiegend Freileitungen verwendet. Diese verfügen über eine hohe Übertragungsleistung und lassen sich vergleichsweise schnell errichten ...
Grundsätzlich schreibt der Gesetzgeber vor, Übertragungsnetze auf der Höchstspannungsebene als Freileitung zu errichten (...). [3]

Bisher war der allgemeine Tenor, dass das neu zu errichtende Übertragungsnetz auf Gleichspannungsebene überwiegend mittels bestehender und neuer Freileitungen realisiert werden soll. Dies hat sich nun geändert:

> Die Diskussionen um den Netzausbau machen eines deutlich: Viele Bürger wollen, dass die neuen Stromleitungen so wenig wie möglich auffallen. Erdkabel bieten hier eine interessante zusätzliche Option für den erforderlichen Netzausbau im Zusammenhang mit der Energiewende. Allerdings liegen für die Verwendung von Erdkabeln auf der Höchstspannungsebene in Drehstromtechnik bislang nur wenige Betriebserfahrungen vor.
>
> Im Gleichstrombereich ist der Einsatz von Erdkabeln auf der Höchstspannungsebene dagegen weltweit gut erprobt. So werden Offshore-Windparks in der Regel über Seekabel und landseitig mit Erdkabeln angebunden. Mehrere tausend Kilometer hat TenneT zu diesem Zwecke bereits in der Nordsee installiert und auch an Land bereits mehr als 1000 Kilometer Leitung in Schleswig-Holstein und Niedersachsen unterirdisch verlegt.
>
> Bei der Gleichstromverbindung SuedLink hat sich TenneT dafür eingesetzt, dass der rechtliche Rahmen eine Teilverkabelung ermöglicht. Wie viele Kilometer am Ende tatsächlich verkabelt werden, hängt jedoch maßgeblich von dem weiteren Genehmigungsverfahren ab. [4]

Die Entscheidung, ob Freileitungen zum Einsatz kommen, wird im jeweiligen Genehmigungsverfahren für den betroffenen Streckenabschnitt getroffen.

> TenneT und TransnetBW verpflichten sich, SuedLink so zu planen und zu bauen, dass Beeinträchtigungen für Mensch und Natur so gering ausfallen wie möglich. Der geplante Vorrang für Erdverkabelung von Stromleitungen biete hierfür eine gute Grundlage. Ökologisch besonders wertvolle Gebiete sollen, soweit dies umsetzbar ist, nicht berührt werden. Sofern Beeinträchtigungen für die Umwelt jedoch unvermeidbar sind, entwickeln TenneT und TransnetBW Maßnahmen zum Ausgleich und Ersatz. [5]

In besonders ökologisch wertvollen Gebieten kann es also möglich sein, dass Freileitungen bevorzugt eingesetzt werden.

Derzeit stellt TenneT als zuständiger Übertragungsnetzbetreiber die Weichen, um so schnell wie möglich mit der Neuplanung beginnen zu können. Dies ist nötig, nachdem die Koalitionsspitze einen allgemeinen Vorrang für Erdkabel bei Gleichstromverbindungen vereinbart und in einem Kabinettsbeschluss konkretisiert hat. Für SuedLink bedeutet der Erdkabel-Vorrang, dass die Planung möglicher Trassenkorridore neu aufgesetzt werden muss. [6]

In der Pressemitteilung des Bundesministeriums für Wirtschaft und Energie vom 07.10.2015 wird ausgeführt, dass nun die Erdverkabelung Vorrang haben soll und dass dies zu mehr Akzeptanz in der Bevölkerung führen soll:

> Das Bundeskabinett hat heute grünes Licht für mehr Erdkabel gegeben und setzt damit die „Eckpunkte für eine erfolgreiche Umsetzung der Energiewende" vom 1. Juli 2015 um. Künftig sollen die neuen Stromautobahnen (sog. Höchstspannungs-Gleichstrom-Übertragungsleitungen) vorrangig als Erdkabel statt Freileitung gebaut werden. Der Vorrang betrifft v. a. die großen Nord-Süd-Trassen wie Sue-Link oder die Gleichstrompassage Süd-Ost.
>
> Bundesminister Gabriel: ‚Der heutige Beschluss stellt die Weichen für einen schnelleren und in der Bevölkerung akzeptierten Netzausbau. Die Richtung ist klar: Bei den neuen Gleichstromvorhaben gilt künftig ein Vorrang für Erdkabel. Das führt zu mehr Akzeptanz, denn vielerorts hatten die Menschen große Bedenken gegen Freileitungen. Jetzt ist der Weg frei, für den dringend notwendigen Ausbau der Stromnetze. Und den brauchen wir, um die Energiewende zum Erfolg zu führen.'
>
> Die Stromautobahnen sollen in Bundesfachplanung vorrangig in der Erde verlaufen. Dort, wo Menschen wohnen, sollen künftig Freileitungen verboten sein. Gleichstrom-Freileitungen kommen nur dann ausnahmsweise in Betracht, wenn Naturschutzgründe dafür sprechen oder bereits bestehende Stromtrassen genutzt werden können, ohne dass es zu Umweltauswirkungen kommt. Auch ist eine Freileitung denkbar, wenn die betroffene Gebietskörperschaft diese aufgrund örtlicher Belange ausdrücklich verlangt. [7]

Die dem Gesetzesbeschluss zu Grunde liegende Formulierungshilfe mit entsprechenden Begründungen für den Änderungsantrag geht recht detailliert auf die zu beschließenden Ausnahmen ein:

§ 12 wird wie folgt geändert:

a) Absatz 2 Satz 1 wird wie folgt geändert:
   aa) Nach Nummer 2 wird folgende Nummer 3 eingefügt:
       „3. bei Vorhaben im Sinne von § 2 Absatz 5 des Bundesbedarfsplangesetzes eine Kennzeichnung, inwieweit sich der Trassenkorridor für die Errichtung und den Betrieb eines Erdkabels eignet, und".

(...)

2.5 Der Stromtransport in Deutschland heute und in Zukunft

b) Nach Absatz 2 Satz 2 wird folgender Satz eingefügt:
Die bisherige Nummer 3 wird Nummer 4.
„Bei Vorhaben im Sinne von § 2 Absatz 5 des Bundesbedarfsplangesetzes sind auch die Gründe anzugeben, aus denen in Teilabschnitten ausnahmsweise eine Freileitung in Betracht kommt."[8]

Dies bedeutet, dass es grundsätzlich weiterhin die Möglichkeit gibt, unter bestimmten Bedingungen die HGÜ als Freileitungen zu errichten.

„§ 3
Erdkabel für Leitungen zur Höchstspannungs-Gleichstrom-Übertragung

(1) Leitungen zur Höchstspannungs-Gleichstrom-Übertragung der im Bundesbedarfsplan mit „E" gekennzeichneten Vorhaben sind nach Maßgabe dieser Vorschrift als Erdkabel zu errichten und zu betreiben oder zu ändern.

(2) Die Leitung kann auf technisch und wirtschaftlich effizienten Teilabschnitten als Freileitung errichtet und betrieben oder geändert werden, soweit
1. ein Erdkabel gegen die Verbote des § 44 Absatz 1 auch in Verbindung mit Absatz 5 des Bundesnaturschutzgesetzes verstieße und mit dem Einsatz einer Freileitung eine zumutbare Alternative im Sinne des § 45 Absatz 7 Satz 2 des Bundesnaturschutzgesetzes gegeben ist,
2. ein Erdkabel nach § 34 Absatz 2 des Bundesnaturschutzgesetzes unzulässig wäre und mit dem Einsatz einer Freileitung eine zumutbare Alternative im Sinne des § 34 Absatz 3 Nummer 2 des Bundesnaturschutzgesetzes gegeben ist, oder
3. die Leitung in oder unmittelbar neben der Trasse einer bestehenden oder bereits zugelassenen Hoch- oder Höchstspannungsfreileitung errichtet und betrieben oder gerändert werden soll und der Einsatz einer Freileitung voraussichtlich keine zusätzlichen erheblichen Umweltauswirkungen hat.

Auf Verlangen der für die Bundesfachplanung oder Zulassung des Vorhabens zuständigen Behörde müssen die Leitungen auf Teilabschnitten unter den Voraussetzungen des Satzes 1 als Freileitung errichtet und betrieben oder geändert werden.

(3) Sofern Gebietskörperschaften, auf deren Gebiet ein Trassenkorridor voraussichtlich verlaufen wird, in der Antragskonferenz nach § 7 des Netzausbaubeschleunigungsgesetzes Übertragungsnetz aufgrund örtlicher Belange die Prüfung des Einsatzes einer Freileitung verlangen, ist vom Träger des Vorhabens zu prüfen, ob die Leitung auf Teilabschnitten in dieser Gebietskörperschaft abweichend von Absatz 2 als Freileitung errichtet und betrieben

oder geändert werden kann. Sofern die Prüfung ergibt, dass dies möglich ist, und der Träger des Vorhabens dies bei der Vorlage der erforderlichen Unterlagen nach § 8 des Netzausbaubeschleunigungsgesetzes Übertragungsnetz vorschlägt, ist die Errichtung und der Betrieb oder die Änderung einer Leitung als Freileitung auf Teilabschnitten innerhalb der betreffenden Gebietskörperschaft abweichend von Absatz 2 zulässig. Auf Verlangen der für die Bundesfachplanung oder Zulassung des Vorhabens zuständigen Behörde müssen die Leitungen auf Teilabschnitten als Freileitung errichtet und betrieben oder geändert werden.
(...)
Im Gleichstrombereich wird der bisherige Grundsatz, dass die Trassenplanung auf Freileitungen beruht, umgekehrt. Bei HGÜ-Leitungen wird die Erdverkabelung zur Regel. In der Nähe von Wohngebieten ist der Freileitungsbau sogar stets unzulässig. Damit wird ein größtmögliches Maß an Akzeptanz für diese neuen Gleichstromleitungen geschaffen. Allerdings kann sich ausnahmsweise im Einzelfall ein Erdkabel in der Abwägung als schlechtere Ausführung erweisen. Das BBPlG beschränkt diese Möglichkeiten aber auf überragende Schutzgüter, den Gebiets- und Artenschutz, sofern ein Erdkabel unzulässig wäre und eine Freileitung eine zumutbare Alternative ist." [8]

Gerade in besonders sensiblen Gebieten, in denen ein Artenschutz besteht, ist die Planung und Durchführung von Freileitungen vorgesehen.

Um die Eingriffe in Natur und Landschaft zu minimieren, kann auch eine bestehende oder bereits zugelassene Freileitungstrasse genutzt werden, sofern das Vorhaben keine zusätzlichen erheblichen Umweltauswirkungen hat. Dies kann insbesondere dann der Fall sein, wenn das Vorhaben auf bestehenden Masten geführt werden kann, ohne dass erhebliche bauliche Veränderungen erforderlich sind. [8]

Sollten die bestehenden Masten verwendet werden können, so ist die Verwendung von Freileitungen durchaus möglich.

„In § 3 Absatz 2 BBPlG – neu – werden Ausnahmen aufgeführt, in denen eine Freileitung errichtet werden kann. Da die Erdverkabelung jedoch Vorrang genießt, ist eine Freileitung allenfalls auf technisch und wirtschaftlich effizienten Teilabschnitten zulässig. Auf einem solchen Teilabschnitt kann eine Freileitung auf Antrag des Vorhabenträgers errichtet werden, soweit eine der drei Ausnahmen gegeben ist. Der Einsatz von Freileitungen ist grundsätzlich auch dann zulässig, wenn die Voraussetzungen nach Absatz 2 Satz 1 nicht auf der gesamten Länge des jeweiligen Teilabschnitts vorliegen." [8]

Dies bedeutet, dass Streckenabschnitte in Teilabschnitte aufgeteilt werden und dass auf einigen Teilabschnitten dennoch auf Freileitungen gesetzt wird.

„Die Nummern 1 und 2 ermöglichen eine Freileitung als Alternative für die Fälle, in denen ein Erdkabel gegen bestimmte naturschutzrechtliche Aspekte verstoßen würde. Für den Arten- und Gebietsschutz enthält das Bundesnaturschutzgesetz (BNatSchG) in § 44 Absatz 1 auch in Verbindung mit Absatz 5 und § 34 Absatz 2 Verbote, die einer Verwirklichung des Vorhabens als Erdkabel entgegenstehen können. Bei einem Verstoß gegen diese Verbote stellt sich im Rahmen der dann erforderlichen weiteren arten- beziehungsweise gebietsschutzrechtlichen Prüfung unter anderem die Frage, ob zumutbare Alternativen gegeben sind. Die Regelung ermöglicht eine Freileitung als technische Ausführungsalternative, sofern es sich hierbei um eine zumutbare Alternative im Sinne des § 45 Absatz 7 Satz 2 beziehungsweise § 34 Absatz 3 Nummer 2 BNatSchG handelt.

Nummer 3 räumt die Möglichkeit ein, bestehende oder bereits zugelassene Freileitungstrassen (Bestandstrassen) zu nutzen, insbesondere um den Fläschenverbrauch zu senken und die Auswirkungen auf Mensch und Umwelt möglichst gering zu halten. Indem Bestandstrassen genutzt werden, kann eine Belastung durch ein zusätzliches Erdkabel minimiert werden. Bei einer Trassenbündelungsmöglichkeit sollte der Einsatz von Freileitungen möglich sein, wenn dies zu geringeren Umweltauswirkungen als der Einsatz eines Erdkabels führen würde. Für die Nutzung einer Bestandstrasse gelten allerdings hohe Anforderungen, um dem Erdkabelprimat zur Geltung zu verhelfen. So muss zum einen das Vorhaben in oder unmittelbar neben der Bestandstrasse zu errichten sein. Zwar werden damit Anreize für die Planung gesetzt, bei der Wahl der Trassenkorridore auch möglichst vorhandene Trassen oder bereits ausgewiesene Trassenkorridore zu erwägen. Diese Ausnahme wird jedoch dadurch in ihrem Anwendungsbereich eingeschränkt, dass die Freileitung keine zusätzlichen erheblichen Umweltauswirkungen haben darf. Dies bedeutet, dass die Bündelungsmöglichkeit nur dort zum Tragen kommt, wo im Rahmen einer umfassenden Abwägung und im Vergleich zur Vorbelastung lediglich geringe zusätzliche Eingriffe in die Umwelt, insbesondere Natur und Landschaft, zu erwarten sind. Eine Bündelungsmöglichkeit dürfte somit insbesondere dann nicht in Betracht kommen, wenn die Nutzung der Bestandstrasse zu einer deutlichen Erhöhung der Masten führen würde. Auch Umwelteinwirkungen durch elektrische, magnetische und elektromagnetische Felder sind einzubeziehen. Zu berücksichtigen ist hierbei auch die Regelung des § 4 Absatz 2 der Verordnung über elektromagnetische Felder. Danach müssen bei Errichtung und wesent-

lichen Änderungen von Gleichstromanlagen die von der Anlage ausgehenden elektrischen und magnetischen Felder nach dem Stand der Technik unter Berücksichtigung von Gegebenheiten im Einwirkungsbereich minimiert werden.
Auf Verlangen der Bundesnetzagentur (in der Bundesfachplanung) bzw. der Planfeststellungsbehörde muss nach Satz 2 eine Freileitung errichtet werden. Damit wird insbesondere für den Fall, dass der Vorhabenträger und die zuständige Behörde unüberwindbare Differenzen bei der Anwendung der Ausnahmekriterien nach Satz 1 haben sollten, geregelt, dass die Behörde ihrer Auffassung als letztes Mittel zur Geltung verhelfen kann. Ein mögliches behördliches Verlangen ist dabei Teil der umfänglichen behördlichen Abwägungsentscheidung, so dass hierzu keine weiteren Ermessenserwägungen vorgenommen werden müssen.
Nach § 3 Absatz 3 Satz 1 BBPlG – neu – hat es die Gebietskörperschaft, auf deren Gebiet ein Trassenkorridor voraussichtlich verlaufen wird, in der Hand, von dem jeweiligen Vorhabenträger eine Prüfung zu verlangen, ob die Leitung als Freileitung ausgeführt werden kann. Eine Freileitungsvariante kann ausnahmsweise und unabhängig von den in Absatz 2 Satz 1 genannten Kriterien (Naturschutz und Nutzung von Bestandstrassen) aufgrund örtlicher Belange von der betroffenen Gebietskörperschaft verlangt werden. Über die in Absatz 2 Satz 1 Nummern 1 bis 3 genannten Aspekte hinaus spielen hier auch sonstige Belange der Gebietskörperschaft eine Rolle, wie beispielsweise die städtebauliche Entwicklung oder weitere planungsrechtliche Erwägungen. Das jeweilige im Rahmen der Antragskonferenz nach § 7 NABEG vorzubringende Prüfverlangen bezieht sich selbstredend auf die in der betroffenen Gebietskörperschaft befindlichen Teilabschnitte. Im Rahmen der Prüfung hat der Vorhabenträger die vorgebrachten örtlichen Belange zu berücksichtigen. Aufgrund lokaler Begebenheiten ist es denkbar, dass im Einzelfall eine Freileitung zu mehr Akzeptanz führen kann als ein Erdkabel. Damit entsteht ein hinreichender Spielraum für technologische Alternativen, um flexibel auf die örtlichen Belange reagieren zu können, falls dies von den Betroffenen gewünscht wird und aus Kenntnis vor Ort ein entsprechender Anstoß erfolgt. Im Rahmen der behördlichen und gerichtlichen Überprüfung des Verlangens werden lediglich die formellen Voraussetzungen des Verlangens überprüft; im Übrigen erfolgt keine Überprüfung der materiellen Rechtmäßigkeit des Verlangens. Kommt der Vorhabenträger zu dem Ergebnis, dass dem Verlangen der Gebietskörperschaft entsprechend eine Ausführung als Freileitungsalternative in Betracht kommt, so kann er im Rahmen der Vorlage der erforderlichen Unterlagen nach § 8 NABEG ein solches Vorgehen vorschlagen. In einem solchen Fall ist ausnahmsweise eine Ausführung als Freileitungsvariante innerhalb der jeweiligen Gebietskör-

2.5 Der Stromtransport in Deutschland heute und in Zukunft

perschaft, die die Prüfung nach Satz 1 verlangt hatte, unabhängig von den in Absatz 2 Satz 1 genannten Kriterien (Naturschutz und Nutzung von Bestandstrassen) zulässig. Nach Absatz 3 Satz 3 kann die zuständige Behörde entsprechend Absatz 2 Satz 2 die Ausführung als Freileitung verlangen." [8]

Zusammenfassend betrachtet sind die Freileitungen wohl nicht vom Tisch und gerade in Naturschutzgebieten besteht die Möglichkeit, dass Freileitungen zum Einsatz kommen. Sollten bestehende Masten verwendet werden können und es sinnvoll erscheinen, so ist auch in diesen Fällen eine Realisierung mittels Freileitungen möglich. Inwieweit die Gebietskörperschaften (Bund, Länder, Bezirke, Landkreise, Städte und Gemeinden) sich gegen den Neubau von unterirdischen Stromtrassen stellen werden, bleibt abzuwarten. Der Schutzbereich zwischen der Bebauung mit Wohnhäusern und den Freileitungen darf offensichtlich bei Neubauvorhaben nicht 400 m unterschreiten, außer im Außenbereich; dort sind es 200 m.

2.5.5 Über die bisher untersuchten Konsequenzen der Freileitungen des Höchstspannungsgleichstroms

Zur Klarstellung der Konsequenzen solch einer Installation von Höchstspannungsgleichstromleitungen hat das Bundesministerium für Umwelt, Naturschutz, Bau und Reaktorsicherheit im **Bundesanzeiger** im amtlichen Teil eine **Bekanntmachung schon am 25.02.2014** herausgegeben.
Hier einige Zitate aus der **amtlichen Bekanntmachung**:

Einleitung:
Die forcierte Nutzung erneuerbarer Energie als Folge der Energiewende in Deutschland und die damit verbundenen langen Entfernungen zwischen Erzeugungs- und Verbrauchsstätten elektrischer Energie machen den Ausbau neuer Langstrecken-Energieübertragungsleitungen erforderlich. Dafür sollen auch Hochspannungs-Gleichstromübertragungs-Leitungen (HGÜ-Leitungen) zum Einsatz kommen.
Die Strahlenschutzkommission (SSK) wurde vom Bundesministerium für Umwelt, Naturschutz und Reaktorsicherheit (BMU) beauftragt, in Ergänzung ihrer Stellungnahme zu Wechselspannungsenergieversorgungssystemen (SSK 2008) auch die HGÜ-Leitungen, insbesondere deren elektrische und magnetische Gleichfelder, aus der Sicht des Strahlenschutzes in Bezug auf den Menschen zu beurteilen. Sie hat daher die vorliegende Empfehlung erarbeitet; eine Grenzwert-Regelung ist nicht Gegenstand dieser Empfehlung.
(...)
Die HGÜ-Technik ist eine effiziente Möglichkeit zur Übertragung elektrischer Energie über längere Distanzen. Isolierte HGÜ-Kabel werden auf Seegrund oder im

Erdreich derzeit über Distanzen von 50 km bis 150 km eingesetzt und bei Übertragungsspannungen bis ca. ±350 kV betrieben. HGÜ-Leitungen sind dagegen schon mit Spannungen bis ±800 kV (mit einer verketteten Spannung bis 1600 kV) und Übertragungsdistanzen über 1000 km in Betrieb. In Zukunft ist bei Neuinstallationen von noch höheren Spannungen auszugehen.

(...) HGÜ-Freileitungen

An den Leiterseilen der HGÜ kommt es wegen der dort herrschenden hohen elektrischen Feldstärke, wie auch bei HWÜ-Leitungen, zu Mikroentladungen (Koronaentladungen) und zur Ionisation der Luft. Dies erfolgt jedoch ständig, weil die hohe elektrische Spannung nicht, wie bei der HWÜ, periodisch gegen Null geht. Bei HWÜ-Leitungen wechselt zusätzlich die Polarität der Einzelleiter und damit die Polarität der Entladungen ständig, sodass sich die erzeugten Ladungen immer wieder ausgleichen können. Bei HGÜ-Leitungen ändert sich die Polarität am Leiterseil hingegen nicht. Daher kann sich um die Leiter eine größere Raumladungswolke geladener Teilchen ausbilden. Dies hat mehrere Konsequenzen, nämlich

- dass im Vergleich zu HWÜ-Leitungen höhere elektrische Bodenfeldstärken auftreten und
- dass sich die elektrischen Felder durch Windverfrachtungen der Ladungswolke über größere Bereiche erstrecken können.

Die Raumladungswolke enthält auch durch Koronaentladung entstandene chemische Verbindungen wie Ozon und Stickoxide.

(...) Ionen, Ozon und Stickoxide

Durch die hohen elektrischen Feldstärken und die dadurch bewirkten elektrischen Funkenentladungen an den Leiterseilen (Koronaeffekt) kommt es zu einer Ionisierung von Luftmolekülen und zur Erzeugung von Ozon und Stickoxiden (NOx). Die Höhe des im Freien auftretenden natürlichen Ozonpegels unterliegt jahreszeitlichen Schwankungen und beträgt in den Wintermonaten ca. 60 µg/m3 bis 80 µg/m3 (30 ppb bis 40 ppb) und in den Sommermonaten ca. 100 µg/m3 bis 120 µg/m3 (50 ppb bis 60 ppb) (DWD 2000).

Die durch HWÜ-Leitungen (400 kV bis 600 kV), zwei stromführende Leiterseile verursachten Ozonkonzentrationen wurden in Bodennähe bei allen experimentellen Bedingungen mit Werten unter 20 µg/m3 (10 ppb) gemessen (Droppo et al. 1979). Daraus wurde die maximale Produktionsrate (Quellstärke) mit 14 µg/(s·m) errechnet. Die natürliche Variabilität der Ozonkonzentration wurde mit ±10 µg/m3 (5 ppb) angegeben (Droppo et al. 1979).

Ähnliche Werte ergeben sich aufgrund von Berechnungen mit maximal 775-kV-Leiterspannung (siehe Anhang B). Bei einer konservativen Betrachtung wurden als bodennaher Zusatzeintrag durch HGÜ-Leitungen (zwei stromführende Leiterseile) für Ozon 0,8 µg/m3 (0,4 ppb) und für Stickoxide 0,04 µg/m3 (0,02 ppb) berechnet.

In unmittelbarer Nähe (1 mm bis 2 mm) der Leiterseile von HGÜ-Leitungen können NOx-Konzentrationen im ppm-Bereich auftreten, die jedoch durch atmosphärische Verdünnung schnell verringert werden und in Bodennähe nur noch unwesentlich zur Hintergrundkonzentration beitragen (Chen und Davidson 2002). [9]

Die Bundesregierung hat die Auswirkungen auf die Umwelt untersuchen lassen und sieht nur ein geringes Risiko bei der Zunahme von Ozon und Stickoxiden. Weitere Informationen über andere Ionen befinden sich nicht in dieser amtlichen Bekanntmachung. Lassen wir es also im Moment mal darauf beruhen.

Literatur

1. TenneT TSO GmbH, Bayreuth. Internetseite mit dem Titel Hochspannungs-Gleichstrom-Übertragung. (http://suedlink.tennet.eu/technologie/hochspannungs-gleichstrom-uebertragung.html). Zugegriffen: 02.07.2015
2. Stephan Kohler, Annegret-Cl. Agricola und Hannes Seidl, Projektleitung (2010). dena-Netzstudie II, Integration erneuerbarer Energien in die deutsche Stromversorgung im Zeitraum 2015–2020 mit Ausblick 2025. Deutsche Energie-Agentur GmbH (dena), Berlin.
3. TenneT TSO GmbH, Bayreuth. Internetseite mit dem Titel Freileitung oder Erdkabel, (http://suedlink.tennet.eu/technologie/freileitung-oder-erdkabel.html). Zugegriffen: 08.07.2015
4. TenneT TSO GmbH, Bayreuth. Internetseite mit dem Titel Die Erdverkabelung, (http://www.tennet.eu/de/netz-und-projekte/rund-um-den-netzausbau/erdverkabelung.html). Zugegriffen: 22.10.2015
5. TenneT TSO GmbH, Bayreuth. Internetseite mit dem Titel Der Schutz von Mensch und Umwelt, (http://suedlink.tennet.eu/technologie/mensch-und-umwelt.html). Zugegriffen: 22.10.2015
6. TenneT TSO GmbH, Bayreuth. Internetseite mit dem Titel SuedLink – die Windstromleitung, (http://suedlink.tennet.eu/home.html). Zugegriffen: 22.10.2015
7. Bundesministerium für Wirtschaft und Energie (2015) Pressemitteilung vom 07.10.2015 mit dem Titel Kabinett stellt Weichen für zügigen Ausbau der Stromnetze
8. Bundesministerium für Wirtschaft und Energie (2015) Formulierungshilfe Erdkabel Dateiname: 04 FH Erdkabelgesetz.doc. Stand 25.09.2015, 09:15 Uhr
9. Dr. Böttger (2014). Bundesanzeiger im amtlichen Teil, Bekanntmachung einer Empfehlung der Strahlenschutzkommission (Biologische Effekte der Emissionen von Hochspannungs-Gleichstromübertragungsleitungen [HGÜ] vom 12. September 2013). Bundesministerium für Umwelt, Naturschutz, Bau und Reaktorsicherheit, Bonn. BAnz AT 07.08.2014 B3

Kernphysik 3

Es gibt immer wieder Überraschungen darüber, wo wir Radioaktivität tagtäglich antreffen.

Zusammenfassung

Ein wirklich sehr einfach gehaltener Streifzug in die Kernphysik erklärt die wesentlichen Zusammenhänge, die für die nachfolgenden Themen wichtig sind. Es wird die Frage beleuchtet, wo uns außerhalb der Atomreaktoren sonst noch die Kernphysik begegnet und welchen Einfluss diese auf uns und die Natur hat. Es kommen sowohl die Bundesregierung, wie auch Experten und andere interessierte Personengruppen zu Wort.

3.1 Was ist eigentlich Kernphysik?

Beschäftigen wir uns nun mit dem Teil der Physik, um den es beim sogenannten Atomausstieg geht, der Kernphysik. Gerne möchte ich auch hier ein paar wenige Grundlagen erläutern, um anschließend einige Themengebiete etwas genauer zu beleuchten.

All die Stoffe, die uns umgeben und auch die, aus denen wir selbst bestehen, basieren auf winzigen Atomen. Atome haben eine sogenannte Atomhülle, in der sich die Elektronen aufhalten und bewegen. Elektronen sind uns bereits im Stromkreis begegnet. Dort waren sie jedoch nicht als vollständige Atome, sondern ohne Atomkern anzutreffen. Gerade durch die Elektronen in der Atomhülle ist es den Atomen möglich, sich mit anderen Atomen zu verbinden und sogenannte Moleküle zu bilden. Die meisten damit verbundenen Vorgänge werden in der Chemie beschrieben. Der Atomkern selbst ist im Inneren nochmals viel kleiner als das vollständige Atom mit seiner Atomhülle und besteht wiederum aus diversen einzelnen Teilchen. Die Hauptgruppen sind die Protonen und die Neutronen; weitere Elementarteilchen brauchen wir hier nicht zwangsweise zu beleuchten. Die Beschäftigung mit den Vorgängen des Atomkerns ist ein Teilgebiet der Physik und wird Kernphysik genannt. Wir werden diese spannenden Vorgänge nur sehr einfach behandeln und streifen, weil uns die Auswirkungen später mehr fesseln werden.

Die Mehrzahl der Atome, die wir kennen, sind einfach „nur da" und verändern sich auch nicht ohne Einwirkung von außen. Jedoch gibt es eine ganze Reihe von Atomen, die instabil sind und sich ohne äußeres Zutun ganz von alleine im Laufe der Zeit verändern. Dieser Veränderungsprozess wird auch Zerfallsprozess genannt und ist gerade bei diesen Atomen ein völlig natürlicher Vorgang. Diese natürlichen Zerfallsprozesse gab es schon seit Anbeginn der Erde und werden auch künftig immer stattfinden. Seit über 100 Jahren wissen wir, dass Materie und Energie in einem direkten physikalischen Zusammenhang stehen. Weil ich versprochen hatte, ein Buch ohne Formeln schreiben zu wollen, brauchen wir die bekannte diesbezügliche Formel von Albert Einstein hier nicht zu wiederholen. Wichtig ist nur, dass bei einer Umwandlung von Materie (also den Atomkernen) eine große Energiemenge freigesetzt werden kann. Diese Vorgänge macht man sich in den Kernreaktoren, die nun abgeschaltet werden sollen, zu Nutzen. Im weiteren Verlaufe des Buches werden wir diese künstlichen Umwandlungsprozesse nur in zweiter Linie anschauen. Uns interessiert vielmehr die ganz natürliche Seite der Umwandlungsprozesse. Genauer gesagt interessiert uns die bei solchen Umwandlungsprozessen abgegebene Energie. Diese Energieform wird unter dem Begriff Radioaktivität zusammengefasst und erzeugt ihrerseits Strahlungs- und Wärmeenergie.

3.2 Die Aufklärungsarbeit zum Thema Radioaktivität

Eine detaillierte Darstellung der damit verbundenen Vorgänge wird in der Schrift **Radioaktivität und Strahlungsmessung** des Bayerischen Staatsministeriums für Umwelt, Gesundheit und Verbraucherschutz geliefert.

3.2.1 Einführung

Radioaktivität, wörtlich „Strahlentätigkeit" ist der Naturvorgang, der den Traum der Alchimisten, die Transmutation der Materie, in zweifacher Weise erfüllt:

1. Eine Umwandlung chemischer Elemente in andere chemische Elemente, zum Beispiel von Uran in Blei und sogar von Quecksilber in Gold, und

2. Eine Umwandlung von Materie in Energie, die in Form von Strahlung freigesetzt wird.

Radionuklide und damit die Strahlung beim radioaktiven Zerfall sind in der Natur allgegenwärtig ... [1, S. 1]

3.2.2 Ferner wird über die unterschiedlichen Strahlungsarten festgehalten

Eine weitere Form ionisierender Strahlung (eine ionisierende Strahlung löst Elektronen aus Atomen und Molekülen in Gasen, Flüssigkeiten und Festkörpern. Die ionisierte Materie ist elektrisch leitend) ist die Strahlung, die beim radioaktiven Zerfall von Atomkernen entsteht. Sie ist in der Regel keine einheitliche Strahlung, sondern eine Mischstrahlung, je nachdem, welche Atomkerne zerfallen. Die Teilstrahlungen sind unterscheidbar nach ihrer Art (Teilchen – oder Wellenstrahlung), nach ihrer Energie, nach ihrer Intensität und nach ihrer Herkunft. Die Alphastrahlung und die Betastrahlung sind Teilchenstrahlung, die Gammastrahlung ist eine Wellenstrahlung. [1, S. 3]

3.2.3 Über die Größenordnung der ionisierenden Strahlung

Die Energie von ionisierender Strahlung ist 1.000-mal bis 1.000.000.000-mal so groß wie die Energie vom sichtbaren Licht. [1, S. 2 und 5]

3.2.4 Herkunft der unterschiedlichen radioaktiven Stoffe in unserer Umgebung

Auf der Erde sind natürlich zerfallende Atome, wie Radionuklide der Zerfallsreihen von Uran und Thorium sowie ein Radioisotop des Kaliums, nicht nur in einigen Mineralien, sondern auch als Spurenelemente in vielen Stoffen, auch Lebensmitteln, enthalten. Über Atemluft und Wasser nehmen wir strahlendes Radon und Radon Zerfallsprodukte in uns auf. Künstliche Radionuklide wie die von Jod, Cäsium, Strontium und andere durch Atomwaffenversuche und kerntechnische Unfälle in die Umwelt gelangt. [1, S. 4]

3.2.5 Über die unterschiedlichen Wirkungsweisen der Strahlungsarten

Für den Strahlenschutz wird aus diesen Tatsachen (unterschiedliches Absorptionsverhalten z. B. in Luft) nicht selten die Aussage gemacht, Alpha- und Betastrahler seien harmloser als Gammastrahler. Dies gilt aber nur bei Bestrahlung von außen und nur in Maßen. Es gilt nicht bei Bestrahlung von innen nach Inkorporation (Inhalation, Ingestion). Bei Inkorporation sind Alpha- und Betastrahler, gerade weil sie ihre gesamte Energie auf kleiner Wegstrecke abgeben, viel gefährlicher als Gammastrahler. [1, S. 78]

3.2.6 Das natürlich vorkommende Kalium hat auch ein radioaktives Isotop (Kalium-40)

Kalium gehört zu den 10 häufigsten Elementen in der oberen Erdkruste. Aus dem Kalisalz Carnallit $KMgCl_3*6H_2O$ werden große Mengen Mineraldünger für die Landwirtschaft hergestellt. [1, S. 16]

Da Kalium auch in Muskelgewebe angelagert wird, sind selbst wir Menschen ganz natürliche (schwache) Strahlungsquellen.

3.2.7 Wie stark trägt Kalium-40 zur Strahlungsbelastung der Bevölkerung bei?

Zur gesamten natürlichen Strahlenexposition des Menschen trägt Kalium-40 ca. 12 % bei. [1, S. 17]

Kalium befindet sich auch in der sogenannten Pottasche, die teilweise als Backpulver verwendet wird, um Gebäck herzustellen.

3.2.8 Erklärung des Fachbegriffes Strahlenexposition

Strahlenexposition heißt die Einwirkung ionisierender Strahlung auf den menschlichen Körper und umfasst nicht nur die physikalische Einwirkung, sondern auch die biologischen Wirkungen. [1, S. 7]

Diese Einwirkung der Strahlung kann entweder von außen oder von innen (Inkorporation), beispielsweise durch die Atemluft oder durch die Nahrungsaufnahme, erfolgen.

3.2.9 Radon ist ein Radionuklid der Zerfallsreihen von Uran und Thorium. Wie stark trägt Radon zur Strahlenbelastung bei?

Radon ist allgegenwärtig und verursacht etwa die Hälfte der natürlichen Strahlenexposition der Bevölkerung. Radon und seine Zerfallsprodukte sind Alpha-, Beta- und Gammastrahler und lassen sich in gefahrlosen Schulexperimenten mit einfachsten Mitteln vorführen. [1, S. 6]

Die Halbwertszeit von Radon beträgt ca. 3,8 Tage. Dies bedeutet, dass sich nach ca. 3,8 Tagen die Hälfte einer anfänglich vorhandenen Menge (genauer gesagt die Masse) Radon in Strahlung umgewandelt hat.

3.2.10 Bezüglich der natürlichen Radonkonzentration

Zu beobachtbaren Zahlenwerten von Radonkonzentrationen ist schon jetzt dies zu sagen: Es liegen Faktoren von 10 bis 100.000 zwischen den Werten, die an verschiedenen Orten gemessen wurden. Typische Konzentrationen – stets in der Einheit Bq/m3 – sind für Radon-222.

Luft über dem Ozean 1, Außenluft über Kontinenten 5–50, Innenräume normal 20–200, Innenräume hoch 500–5000, in Ausnahmefällen bis 100.000, Bodenkapillaren in 1 m Tiefe 1000–200.000, nichtventilierte Stollen in uranhaltigem Gestein und unbelüfteten Räumen, in denen stark radonhaltiges Wasser strömt und entgast, 10.000 bis maximal 1.000.000. [1, S. 143]

3.2.11 Radon im Wasser

Radongas ist in Wasser gut löslich. Wasser ist deshalb für Radon ein gutes Speicher-, Transport, und Emanationsmedium. Nur ganz selten ist aber gelöstes Radon die Mutter für Radon. Fast immer wird das Gas im Boden aus dem umgebenden Gestein in das Wasser aufgenommen. Ohne weitere Zufuhr von neuem Radongas zerfällt dieses im Wasser oder es entgast in die Luft. Erhöhte Konzentrationen von Radon in Wässern verschiedener Gegenden sind seit langem bekannt. Heute werden Trinkwasseraufbereitungs- und Versorgungsanlagen auf Radon im Wasser und in der Luft überprüft. [1, S. 161]

3.2.12 Radonkonzentration in trockenen Böden

Selbst in nur einem Meter Tiefe unter der Erdoberfläche, insbesondere bei trockenen Böden, kann die Radonkonzentration extrem viel höher als in der Außenluft sein:

> (...) Dagegen ist die sekundäre Freisetzungsrate von Radon aus den Zwischenräumen zwischen den Mineralkörnern und der Bodenkrumme allerdings in trockenen Gesteinen und Böden höher als in feuchten (höhere Diffusion und Konvektion in Bodenluft als in Porenwasser). In Bodenluft schon in 1 m Tiefe kann somit die Radonkonzentration Werte von 30.000 bis 500.000 Bq/m3 erreichen, also um mehrere Größenordnungen höher liegen als die Werte von 10 Bq/m3 in normaler Außenluft. [1, S. 165 und 166]

3.2.13 Über den Begriff Strahlenschutz

> Strahlenschutz ist die Kurzbezeichnung für den Schutz von Menschen als Individuen vor schädlichen biologischen Wirkungen ionisierender Strahlung in allen Dosisbereichen, auch so geringen, dass über die biologischen Wirkungen nur statistische Aussagen über Kollektive und für Individuen nur Risikoabschätzungen möglich sind. Wahrlich ein kurzes Wort (Strahlenschutz) für einen langen, komplizierten Sachverhalt. Strahlenexposition heißt Einwirkung ionisierender Strahlung auf den menschlichen Körper (genauer: ionisierender Strahlung „ausgesetzt zu sein"). Mit der Einwirkung meint man die mögliche Belastung durch die Einwirkung, obwohl es sich dabei um verschiedene Dinge handelt.
>
> Schon die Messung ionisierender Strahlung erfordert physikalische, chemische, geowissenschaftliche und messtechnische Fachkenntnisse. Die Bewertung der Messergebnisse erfordert zudem biologische, medizinische, juristische und gar psychologische Fachkenntnisse und vor allem ein integriertes, abwägendes Urteilsvermögen. [1, S. 225]

Um die Eindeutigkeit und das Gefahrenpotential, welches von radioaktiver Strahlung ausgeht, besser darstellen zu können, wurde ein neues Logo von der Internationalen Atomenergie Agentur veröffentlicht, siehe Abb. 3.1 [2].

3.3 Weitere Informationen über Radon aus einer anderen Veröffentlichung

Die Radonaktivitätskonzentrationen in Gesteinen, Böden und Wässern sowie Raum- und Außenluft überdecken einen weiten Bereich von wenigen Bq/m3 (Becquerel pro m3) bis zu einigen Millionen Bq/m3 (Abb. 2). In der Außenluft bedingt die rasche

Abb. 3.1 Die internationale Atomenergie Agentur hat am 15.02.2007 ein neues Logo herausgegeben

Verdünnung beim Übertritt aus dem Boden niedrige Radonaktivitätskonzentrationen, in der freien Atmosphäre überschreiten diese selten 50 Bq/m3. Auffallend sind die um den Faktor 1.000 bis 100.000 höheren Aktivitätskonzentrationen in der Bodenluft. Das im Untergrund zur Verfügung stehende Radon kann in Gebäude übertreten und Raumluftkonzentrationen von einigen hundert bis tausend Bq/m3 bewirken. Mitunter spiegeln sich die Uran- und Radiumgehalte geologischer Einheiten in den Radonaktivitätskonzentrationen der Bodenluft und der Luft in den Gebäuden wieder. In Grund- und Quellwässern werden lokal Radonaktivitätskonzentrationen gemessen, die bis zu einigen Millionen Bq/m3 reichen. Die Radongehalte in fließenden Oberflächengewässern sind dagegen in aller Regel gering (< 5.000 Bq/m3), da turbulente Strömungen eine rasche Entgasung begünstigen.

Radonkonzentrationen in der Umwelt sind nicht zufällig verteilt, sondern stehen in der Regel in Beziehung zum Auftreten und Verhalten der natürlichen Radionuklide Uran und Radium. Alle Gesteine und Böden enthalten diese Elemente in unterschiedlichen Konzentrationen und sind daher immer auch Radonquellen. [3]

Umsichtige Hausbesitzer, insbesondere in besonders betroffenen Gebieten, lassen die Radonkonzentration in ihren Kellerräumen messen und einige Bauherren neuer Häuser wählen aus diesem Grund eine gasdichte Kellerwanne, damit Radon nicht vom Erdreich übertreten kann.

3.4 Etwas allgemeiner über natürliche Strahlenbelastung berichtet die Bundesregierung im Jahr 2003

Die gesamte natürliche Strahlenbelastung der Bevölkerung setzt sich aus verschiedenen Komponenten zusammen:

Natürliche Strahlenexposition
   Je nach Höhenlage des Aufenthaltsortes und der geologischen Beschaffenheit des Untergrundes weist die natürliche Strahlenexposition deutliche Unterschiede auf.
   Die natürliche Strahlenexposition setzt sich aus mehreren Komponenten zusammen, wobei zwischen der äußeren Exposition durch Höhen- und Bodenstrahlung (kosmische und terrestrische Komponente, siehe Glossar im Anhang C) und der internen Strahlenexposition durch Inkorporation radioaktiver Stoffe über Inhalation und Ingestion unterschieden wird. [4, S. 5]

Bezüglich der Radonkonzentration verweist die Bundesregierung auf europäische Grenzwerte und über die industriellen Rückstandsprodukte wird ebenfalls kurz berichtet.

Das durch radioaktiven Zerfall aus Radium-226 entstehende Radon-222 ist aus Sicht des Strahlenschutzes von besonderem Interesse. In den wichtigen in Deutschland verwendeten Baustoffen Beton, Ziegel, Porenbeton und Kalksandstein wurden Radium-226-Konzentrationen gemessen, die in der Regel so gering sind, dass sie nicht zu Überschreitungen der von der Europäischen Kommission empfohlenen Richtwerte für die Radonkonzentration in Wohnungen führen.
   In einigen Rückständen aus industriellen Verarbeitungsprozessen reichern sich die natürlichen radioaktiven Stoffe an. Bei unkritischer Verwendung dieser Rückstände z. B. als Sekundärrohstoff im Bauwesen sind erhöhte Strahlenexpositionen der Bevölkerung nicht auszuschließen. [4, S. 6]

Wie sieht es mit der lokal unterschiedlichen Radonkonzentration in Deutschland aus?

   (...):
   Die höchsten Mittelwerte der Radonkonzentration in der Bodenluft wurde in der Oberpfalz gemessen. [4, S. 10]

3.5 Über die gesundheitlichen Folgen von Radon

Radon ist nach dem Tabakrauch die wichtigste Ursache für Lungenkrebs. Über die Atmung nehmen wir Radon und die an winzige Partikel gehefteten Folgeprodukte auf. In der Lunge führt der radioaktive Zerfall zur Bestrahlung der Lungenzellen. Je höher die Radonkonzentration in der Raumluft ist, und je länger wir uns dort aufhalten, desto höher wird das Risiko, an Lungenkrebs zu erkranken. Besonders gefährlich sind die an Partikel gebundenen Folgeprodukte: Die jeweilige Lebensdauer der Zerfallsprodukte und die Verweilzeit im Atemtrakt beeinflussen die Krebsentstehung. Der Ort der Ablagerung und Anreicherung der Folgeprodukte ist entscheidend dafür, wo sich gegebenenfalls Lungenkrebs entwickelt. Bis zum tatsächlichen Ausbruch der Krankheit können jedoch Jahrzehnte vergehen. [5]

3.6 Aus einer Projektarbeit von Schülerinnen im Alter zwischen 14 und 16 Jahren

2.4.2 Nahrungskette und Expositionspfade

Radioaktive Stoffe gelangen direkt oder indirekt in den menschlichen Körper:

Direkt
Indirekt
* Luft (Atemluft)
* Wasser (Trinkwasser)
* Boden
* Nahrungsketten
- Durch Wurzel und Blätter in die Pflanzen
- Durch Verzehr der Pflanzen (Tiere)
- Durch Verarbeitung der Tiere oder tierische Produkte zu Nahrungsmittel

Es ist daher nicht zu verhindern, dass natürliche Radionuklide in den menschlichen Körper gelangen, weil die Erdmaterie – von Pflanzen und Tiere abgesehen – von Natur aus radioaktiv ist.

2.4.3 Radionuklide in Nahrungsmitteln

Natürliche Radionuklide sind in unserer Biosphäre, also im Wasser und Luft, vorhanden. Sie gelangen durch Stoffwechselvorgänge in pflanzliche und tierische Organismen und somit in die Nahrungsmittel des Menschen.
Der größte Anteil der natürlichen Aktivität stammt vom Kalium-40. Kalium ist auf der gesamten Erdoberfläche und in den Gewässern vorhanden. Die Pflanzen auf dem Land oder im Wasser nehmen Kalium auf und speichern es in den Ästen, Blätter, Früchten usw.
Das Kalium-40 gelangt dann mit der pflanzlichen Nahrung auch in die Organe der Tiere und Menschen. [6]

Schwerpunkt der hier bisher dargestellten Strahlenbelastung der Bevölkerung waren die natürlichen Strahlungsquellen.

3.7 Strahlenbelastung durch nicht natürliche Quellen

Zusätzlich existiert auch eine weitere, wenn auch zumeist weitaus geringere, Strahlenbelastung der Bevölkerung durch künstliche Strahlungsquellen oder durch natürliche Strahlungsquellen, die durch den Menschen verändert wurden.

Über die Strahlungsbelastung von Mitarbeitern in deutschen Kernkraftwerken wird im Buch **Kernenergie** Folgendes geschrieben:

> Die tatsächlichen Dosen der Beschäftigten in den deutschen Kernkraftwerken sind bei den einzelnen Anlagen unterschiedlich. (...) Generell lässt sich sagen, dass in alten Anlagen meist höhere Dosen auftreten. Das hängt damit zusammen, dass früher bei der Auswahl von metallischen Werkstoffen weniger auf die mögliche Aktivierung geachtet wurde. [7, S. 80]
>
> Ein anderer Teil der Neutronen wird außerdem an Atomen der Umgebungsmaterialien angelagert und wandelt diese in radioaktive Isotope um. Dieser Vorgang wird als Aktivierung bezeichnet. [7, S. 164]
>
> Bei der Explosion und dem Brand des Reaktorblocks in Tschernobyl gelangte eine große Menge radioaktiver Stoffe in die Umgebung. (...) Durch die Hitze des Brandes waren Radionuklide in sehr große Höhen gelangt, so dass sie weit transportiert wurden und selbst in mehr als tausend Kilometer Entfernung noch Schutzmaßnahmen erforderlich waren, so auch in Deutschland. [7, S. 125]
>
> Uran zu gewinnen und aufzubereiten, hat erhebliche Auswirkungen auf die Umwelt. Insbesondere entstehen große Mengen an radioaktiven Rückständen, die bei der Uranerzaufbereitung bis heute nicht angemessen gesichert und verwahrt werden. Über Verschleppung, Verwehung und Auslaugung werden Luft, Wasser und letztendlich auch Menschen belastet. [7, S. 143]
>
> Uranerz wurde bisher überwiegend bergmännisch oder im Tagebau abgebaut. [7, S. 148]
>
> Nicht abgedeckte Tailingsdeponien setzen zudem durch den feinen Mahlgrad des Erzes große Mengen an besonders hoch belasteten Stäuben frei. Werden diese verweht oder verschleppt, können sie Wohnbereiche, Felder und Wiesen kontaminieren. [7, S. 153]
>
> Der größte Lieferant von Uranerz ist Kasachstan und an 4. Stelle steht der Saharastaat Niger. (...) Der weit größere Bedarf wird aus Bergwerken in Ländern gedeckt, deren Bergbau-Umweltstandards als unterentwickelt gelten (...) die beispielsweise keine Vorgaben für den Umgang mit Rückstandsdeponien machen. [7, S. 144]

Niger gehört zu den ärmsten Staaten der Erde. Offensichtlich gelangen die Erträge aus dem Uranabbau nicht in dem Maße in die Bevölkerung, dass die Menschen ausreichend ernährt werden kann.

Dies soll es momentan einmal mit der Einführung in die Kernphysik und mit der vorhandenen Radioaktivität in unserer Umwelt gewesen sein!

Literatur

1. Prof. Dr. Henning von Philipsborn, Radiometrisches Seminar, Universität Regensburg und Rudolf Geipel, Regenstauf (2006) Radioaktivität und Strahlungsmessung, Bayerisches Staatsministerium für Umwelt, Gesundheit und Verbraucherschutz, 8. überarbeitete Auflage
2. IAEA, Neues Gefahrenlogo bezüglich radioaktiver Gefahren, (https://www.iaea.org/newscenter/news/new-symbol-launched-warn-public-about-radiation-dangers-0), abgerufen am 13.07.2015
3. Dr. Joachim Kemski, Dr. Heiko Woith, Sebastian Feige, Prof. Dr. Horst Rüter (2013) Radon – Grundlagen und Bezug zur Geothermie, Geothermische Energie Heft 76 / 2013. Bundesverband Geothermie e.V., Berlin, Seite 10
4. Bundesministerium für Umwelt, Naturschutz und Reaktorsicherheit (2003). Deutscher Bundestag 15. Wahlperiode, Drucksache 15/1660 ‚Unterrichtung durch die Bundesregierung, Umweltradioaktivität und Strahlenbelastung im Jahr 2002
5. Ulrike Koller und Britta Barlage (Redaktion), Prof. Dr. Dr. H.-Erich Wichmann (Wissenschaftliche Beratung) (2010) HelmholtzZentrum München, Deutsches Forschungszentrum für Gesundheit und Umwelt
6. Marjam Bakhshi, Miriam Boger, Laura Marie Ehrmann, Nina Fröhling, Katharina Hirsch, Laura Marie Hutmacher, Ritu Mann-Nüttel und Melissa Neubacher (Schülerinnen) und Dr. Dirk Meyer, Dr. Jan Meijer, Bodo Schalwat sowie Dr. Dorothee Rohmann (Betreuung), Ruhr-Universität Bochum, Schülerinnen Radon Projekte, WS 2006/2007, Radon im Alltag
7. Julia Mareike Neles, Christoph Pistner (2012) Kernenergie aus der Reihe Technik im Fokus, Eine Technik für die Zukunft?, Springer Vieweg Verlag, Heidelberg, doi: 10.1007/978-3-642-24329-5

Das Experiment

4

Längst vergessenes Schulwissen kann man doch brauchen.

Zusammenfassung

Alte Erinnerungen an alte, längst vergessen geglaubte Schulexperimente werden durch die aktuelle Stromtrassendiskussion wieder wach. Der Zusammenhang zwischen der Kernphysik, der Elektrotechnik und den neuen Stromtrassen wird angedeutet. Lehrer, Erfinder und die Bundesregierung haben relevante Schriften hierzu veröffentlicht.

Als die ersten Berichte über die geplanten Höchstspannungs-Gleichstrom-Trassen als Konsequenz aus dem Energiewandel durch die Presse gingen, dachte auch ich nicht unmittelbar weiter; grundsätzlich eine gute Sache, so war der allgemein gültige Tenor.

Einige Zeit später erinnerte ich mich an meine eigene Schulzeit, die Gründung der Elektronik AG (die eher eine Physik Arbeitsgemeinschaft in unserer Freizeit war) und an die durchgeführten Experimente mit dem Physiklehrer und den Schulfreunden. Plötzlich war die Erinnerung wieder präsent. War da nicht ein Experiment im Keller der Schule?

4.1 Ein Experiment Ende der Siebziger Jahre

Soweit ich mich noch richtig erinnern kann war es am Dienstag, den 30.10.1979, zwischen 15:00 Uhr und 19:00 Uhr. Wir wissenshungrige Schüler der Arbeitsgemeinschaft interessierten uns für die Vorgänge der Radioaktivität und wollten nicht nur theoretisch mehr darüber im Unterricht lernen, sondern auch damit experimentieren. Besagter Physiklehrer Burkhard Echtermeyer (1943–2014), dem ich sehr viel verdanke, und der zuvor Mitarbeiter im Institut für theoretische Physik an der Universität in Münster war, hatte seine Promotion auf dem Gebiet der Quantenmechanik geschrieben. Er schlug uns, nach den üblichen Versuchen mit dem Geiger-Müller-Zählrohr mittels Glühstrümpfen (sind damals radioaktiv gewesen), ganz alten Zeigern aus Uhren (ebenfalls radioaktiv) und Pottasche (das frühere Backpulver enthält Kalium und ist somit auch radioaktiv), ein anderes Experiment vor. Also gingen wir in den Keller der Schule, spannten zwei blanke Drähte quer durch den Raum und putzten sie mit einem Wattebausch ab. Als wir den Wattebausch an das Geiger-Müller-Zählrohr hielten, knackste es im Lautsprecher nur wenig, wie eigentlich sonst auch immer und die Anzeigenadel blieb fast bei Null stehen. Nun trugen wir eine Hochspannungsquelle in den Keller und beaufschlagten die beiden Drähte mit +600 Volt und −600 Volt. Anschließend verschlossen wir den Kellerraum, beschrifteten die Tür „Hochspannung – Zutritt verboten" und organisierten über den Hausmeister, dass dem auch Folge geleistet wurde.

Am Freitag, 09.11.1979, gegen 15:30 Uhr, gingen wir wieder vorsichtig in den Kellerraum, schalteten die Hochspannungsquelle ab und trennten die Zufuhr zu den beiden Drähten. Jetzt wurde es spannend. Wieder mit einem Wattebausch putzten wir erneut jeweils einen blanken Draht ab und hielten unsere Probe an das Geiger-Müller-Zählrohr. Zu unserem großen Erstaunen knackste es nicht nur permanent im Lautsprecher, sondern die Anzeigenadel schlug sehr deutlich aus! Wir hielten eine richtige und zwar selbst gemachte radioaktive Quelle in der Hand!

Was war in den vergangenen 10 Tagen im verriegelten Schulkeller geschehen?
Unser Lehrer klärte uns auf. Bei dem natürlichen Zerfall der Elemente der Uranreihe entsteht Radon. Genau das Radon, über das wir im vorherigen Kapitel so einiges gelesen haben. Wie war das doch gleich? Radionuklide und damit die Strahlung beim radioaktiven Zerfall sind in der Natur allgegenwärtig. Nun sind diese Radionuklide eben auch elektrisch gesehen nicht neutral, sondern sie besitzen eine elektrische Ladung; sie sind also Ladungsträger. All diese, in diesem Fall gasförmigen Radon-Nuklide, bewegen sich frei durch die Luft. Von der anliegenden Gleichstrom-Hochspannung an den Drähten fühlten sich die Radon-Nuklide sehr angezogen und bewegten sich auf den Draht zu. Am Draht angekommen war die Anziehungskraft so groß, dass die Radon-Nuklide auf dem Draht verblieben, bis wir den Draht mit der Watte säuberten. Also hatten wir so eine Art „elektrischen Staubsauger" für Radionuklide gebaut und sammelten all die strahlenden Teilchen ein. Man könnte fast sagen, es war eine kleine „Anreicherungsanlage" für frei bewegliche Ladungsträger.

4.2 Inzwischen wird das oben beschriebene Experiment als mögliches Schulexperiment empfohlen

1. Nachweis der Folgenuklide von Radon-222 durch Spektrometrie der Gammastrahlung

1.1. Die Herkunft und Auswirkungen von Radon in der Luft

Die natürlich radioaktiven Elemente entstehen mit Ausnahme von K-40 aus den drei langlebigen Nukliden Th-232, U-235 und U-238. Aus diesen sogenannten Mutternukliden entwickeln sich die bekannten Umwandlungsreihen, in denen aus dem Element Radium das Edelgas Radon entsteht. Die Radonisotope Rn-219, Rn-220, Rn-222 bilden sich im Erdboden, in Gesteinen oder im Wasser. Das Zwischenprodukt Radon ist aber im Gegensatz zu den anderen Nukliden der Umwandlungsreihen ein Edelgas und deshalb besonders mobil, es diffundiert in die Luft und verteilt sich dort gleichmäßig. Aber auch die festen aerosolgebundenen und ungebundenen Folgenuklide von Radon werden über die Luft verbreitet. [1, S. 389]

Mit spektrometrischen Messungen können dann die radioaktiven Stoffe identifiziert werden, deren Strahlungsaktivität bereits mit dem Geiger-Müller-Zählrohr registriert worden war. Der Meßplatz zur Gammaspektroskopie mit dem unsere Gruppe in Siegen arbeitet ist bereits in einer früheren Arbeit /4/ beschrieben worden. Zur Messung der Aktivität der Luft wird ein bis zu 10 m langer Draht im Raum ausgespannt und für mehrere Stunden an die negative Buchse einer Hochspannungsquelle gelegt. Die radioaktiven Stoffe in der Luft sammeln sich auf dem Draht an, den wir nach Beendigung der Exposition aufwickeln und unter geometrisch gleichbleibenden Bedingungen mit dem Szintillationsdetektor ausmessen. [1, S. 393]

Bei der Gamma-Spektroskopie wird durch die Lage der Peaks im Koordinatensystem die Energie der Kernstrahlung bestimmt. Die Peakhöhe liefert als Maß für die Strahlungsintensität eine noch weitere Aussage unserer Spektren, wie aus Abb. 4 ersichtlich wird. Dort ist das in einem gelüfteten Raum erhaltene Spektrum einem Spektrum gegenübergestellt, das in demselben Raum gemessen wurde, nachdem dieser für fünf Tage ungelüftet verschlossen worden war.

Das Ergebnis ist überaus eindrucksvoll und zeigt mit der stark angestiegenen Peakhöhe des Spektrums im ungelüfteten Fall, daß die Konzentration von Radon und seinen Folgeprodukten in schlecht gelüfteten Räumen deutlich ansteigt. Dieses schöne Demonstrationsexperiment veranschaulicht die eingangs dargestellte Situation, daß Isolationsmaßnahmen im Zusammenhang mit der Einsparung von Heizenergie und Reduzierung der Ventilationsrate der Zimmerluft einen Anstieg des Radongehaltes der Luft zur Folge haben. Das Experiment unterstreicht auch nachhaltig die zur Minimierung des Radongehaltes der Luft erhobene Forderung nach einer sorgfältigen Lüftung unserer Wohnräume. [1, S. 395]

Die Ansammlung der radioaktiven Partikel erfolgt wie bei der Gamma-Spektrometrie durch einen etwa 10 m langen, im Raum ausgespannten Draht, an den eine negative Hochspannung von etwa 6 bis 10 kV (gegen Erde) gelegt wird. [1, S. 396]

Die für sog. Camping-Leuchten benutzten Gas-Glühlichtstrümpfe (auch AUER-Strümpfe genannt) sind wegen ihres Gehaltes an Th-232 seit Jahrzehnten im Unterricht benutzte radioaktive Strahler, die leicht zu beschaffen und ohne besondere Vorsichtsmaßnahmen zu handhaben sind. Um das Alpha-Impulshöhenspektrum aufzunehmen, muß eine möglichst dünne Schicht der strahlenden Substanz gewonnen werden. Dies gelingt aber sehr leicht, wenn man über einer Camping-Leuchte in einigen cm Abstand eine Metallplatte anbringt, auf der sich während der Brenndauer von etwa 1 Stunde die freigesetzten Nuklide niederschlagen (...).[1, S. 397]

Vergleicht man die strengen Strahlenschutzvorschriften wie sie bekanntlich für jedes Hochschulinstitut gelten, mit der Handels- und Gebrauchspraxis für Glühstrümpfe, so stimmt es doch recht nachdenklich, daß hier ein Produkt, aus dem Alphastrahlung – wenn auch in sehr geringer Aktivität – freigesetzt wird, ohne jede Kennzeichnung (!) gehandelt und benutzt werden darf. Denn man muß doch wohl zwischen der Verwendung in einem Hochschulinstitut und der Benutzung beim Camping (Haushalt!) beachtliche Unterschiede sehen. Immerhin können Glühstrümpfe bzw. die feinpulverigen Überreste auch in die Hände kleiner Kinder gelangen. [1, S. 397ff]

4.3 Ein Patent zur Ansammlung geladener Teilchen

Diese Möglichkeit zur Ansammlung von geladenen Teilchen an stromdurchflossenen Leitern wird sogar in einem angemeldeten Patent beschrieben:

Eine Steigerung der Sammelfähigkeit des Meßprobenträgers, d. h. eine größere Reichweite des elektrostatischen Feldes und eine größere Anziehungskraft, läßt sich erzielen, wenn der Sammelbereich auf wenigstens 7000 Volt, vorzugsweise auf wenigstens 9000 Volt und höchstvorzugsweise auf wenigstens 10000 Volt aufgeladen wird. Es hat sich gezeigt, daß auch die Expositionszeit des Meßprobenträgers ohne wesentliche Beeinträchtigung der Meßqualität verringert werden kann, insbesondere wenn dies im Zusammenhang mit einer Erhöhung des Potentials geschieht. Es wird deswegen vorgeschlagen, daß der Meßprobenträger weniger als 8 Minuten, vorzugsweise weniger als 6 Minuten und höchstvorzugsweise weniger als 4 Minuten lang der Luft ausgesetzt wird. Bei der Wahl der Expositionszeit wird auch die (vermutete) Konzentration der Radonzerfallsprodukte eine Rolle spielen. Als Expositionszeit können unter Umständen sogar ein bis zwei Minuten genügen, besonders dann, wenn Potentiale von über 10000 Volt erreicht werden. [2]

4.4 Die Beweglichkeit der radioaktiven Zerfallsprodukte

Die Beweglichkeit von radioaktiven Zerfallsprodukten wurde auch in folgender Veröffentlichung des Bundesministeriums für Umwelt, Naturschutz und Reaktorsicherheit behandelt:

4.4 Die Beweglichkeit der radioaktiven Zerfallsprodukte

Die elektrische Ladung der Folgeproduktcluster beeinflusst aber nicht nur den Diffusionskoeffizient, d. h. die mechanische Eigenbeweglichkeit, sondern natürlich auch über elektrostatische Kräfte die An- bzw. Ablagerung auf Aerosole und Oberflächen.

Um die immer noch bestehenden Lücken in unserem Wissen über den geladenen Anteil der unangelagerten Radonfolgeprodukte unter Raumluftbedingungen und den Einfluss von Luftfeuchte und Radonkonzentration auf die Neutralisation zu schließen, wurde das Strahlenschutzprojekt 4180 gestartet. [3, S. 5 und 6]

Über den zeitlichen Verlauf der Ablagerung:

Betrachtet man den Zeitfaktor der Ablagerung [Porstendörfer 1994], so stellt man fest, dass an Aerosolteilchen angelagerte Radonzerfallsprodukte etwa 100-mal langsamer abgeschieden werden als die freien Radonzerfallsprodukte. [3, S. 19]

Es wird festgehalten, dass schon bei einer eher geringen Gleichspannung eine Ablagerung festgestellt wird.

In Abbildung 12 wurden diese Mittelwerte der Messungen des nicht abgeschiedenen unangelagerten Anteils des 218Po in Abhängigkeit der am Trennkondensator angelegten Spannung aufgetragen. Aus dem Experiment wurde ersichtlich, dass bereits bei einer angelegten Spannung von ca. 50 V, der komplette Anteil des geladenen unangelagerten 218Po abgeschieden wird. Für die weiteren Experimente wurde am Trennkondensator eine Spannung von 1 kV angelegt. [3, S. 42 und 43]

Der Zusammenhang zwischen dem Ladungszustand der Radonfolgeprodukte und der zu erwartenden Dosis wird hergestellt.

Dosisrelevante Fakten wie Konzentration und Größenverteilung der kurzlebigen Radonfolgeprodukte werden stark beeinflusst durch den geladenen Anteil und den Ladungszustand des ersten Radonfolgeprodukts 218Po. Die Ladung des 218Po beeinflusst seine Beweglichkeit und damit die Anlagerung an Aerosole und die Ablagerung auf Oberflächen, das so genannte „plate-out". Die Beweglichkeit wird durch den Diffusionskoeffizienten beschrieben.

Ziel dieser Arbeit war, sowohl theoretisch als auch praktisch den geladenen Anteil der Radonfolgeprodukte 218Po und 214Pb unter Raumluftbedingungen zu bestimmen und ein elektrisches Beweglichkeitsspektrometer zu konzipieren und zu bauen. [3, S. 79]

Literatur

1. Manfred Bodemann, Günter Skorsky und Werner B. Schneider (Hrsg.) (1993) Arbeitskreis Bayerischer Physikdidaktiker, Beitrag aus der Reihe: Wege in der Physikdidaktik, Die spektroskopische Bestimmung von Radon und seinen Folgenukliden, Verlag Palm & Enke, Erlangen
2. Prof. Henning von D Philipsborn (1996) Patentanmeldung DE 1995103173, Verfahren zum Messen der Konzentration von Radonzerfallsprodukten in der Luft, Deutsches Patent- und Markenamt, München
3. Patrick Pagelkopf, Prof. J. Porstendörfer und Prof. G. Eckold (Projektleitung) (2004), Schriftreihe Reaktorsicherheit und Strahlenschutz, Charakterisierung der nicht an Aerosolteilchen gebundenen Anteile der Radonzerfallsprodukte bei Umweltbedingungen, BMU – 2004-644, Bundesministerium für Umwelt, Naturschutz und Reaktorsicherheit, Berlin

In welchem Gesamtzusammenhang stehen diese Themen und welche Fragen ergeben sich daraus? 5

Jeder kann sich frei informieren, sein vorhandenes Wissen anwenden und nachdenklich werden.

Zusammenfassung

In welchem Zusammenhang stehen nun die Elektrotechnik, die Kernphysik, das dargestellte Experiment sowie die geplanten Stromtrassen wirklich miteinander und welche Fragen ergeben sich direkt daraus. Gibt es weitere damit in Verbindung stehende Fragen, die nun auch zwangsläufig gestellt werden müssen? Was sind die nächsten Schritte, die gegangen werden sollten?

In den vorherigen Kapiteln bekamen wir einen ganz kleinen Einblick in die Elektrotechnik, in die sogenannte Energiewende, in die Notwendigkeit der neuen Höchstspannungs-Gleichstrom-Trassen, in die Grundbegriffe der Kernphysik sowie in die natürliche und künstliche Strahlungstätigkeit und in die Didaktik im heutigen Physikunterricht. Wie soll all dies miteinander im Zusammenhang stehen?

5.1 Die Generalfrage

5.1.1 Sind wir nicht gerade dabei ein überdimensionales Physikexperiment durch unsere Republik zu bauen?

Wir beabsichtigen offensichtlich metallische Drähte über viele Kilometer als Freileitungen mit mehreren 100.000 V Gleichspannung permanent zu beaufschlagen und sie allen Umweltbedingungen auszusetzen. Wie wir schon sahen, ziehen mit Gleichspannung beaufschlagte Drähte die elektrisch geladenen radioaktiven Stoffe

Abb. 5.1 Strahlen die künftigen HGÜ

wie ein Staubsauger an. Das die HGÜ Leitungen grundsätzlich geladene Teilchen (beispielsweise Ozon) anziehen, ist untersucht worden und allgemein bekannt.

Wie wird sich die Ansammlung von diversen geladenen radioaktiven Teilchen an den Drähten der HGÜ Leitungen im Laufe der Zeit gestalten, siehe Abb. 5.1 (dargestellt sind heutige Wechselspannungsleitungen)? Welche Effekte gibt es, wenn Drähte mit mehr als einer 1000 fachen Spannung als z. B. bei bisherigen Experimenten zur Radonanreicherung im Freien aufgespannt werden? Zur Verdeutlichung von diesem Unterschied können wir uns nochmals das Beispiel mit dem Bergbach zur Hilfe nehmen. Im Schulkeller arbeiteten wir mit ca. 600 Volt. In unserem Beispiel mit dem Fluss nehmen wir nun an, dass die Wassertropfen aus 600 Meter zu Boden stürzen. Bei den HGÜ Freileitungen sprechen wir dann über eine Spannung von mehr als 500.000 V. Dies würde in unserem Wassermodell bedeuten, dass Wassertropfen mindestens von der Internationalen Raumstation ISS in ca. 400.000 m Höhe zu Boden stürzen. Es ist natürlich klar, dass der Wassertropfen abgebremst würde und wahrscheinlich gar nicht ankommen würde (Verdampfung im Vakuum), jedoch soll dies ja nur eine bildhafte Erklärung für die starke Neigung von geladenen Teilchen sein, sich an den Freileitungen anzuheften.

5.2 Auswirkung der Spannungshöhe?

Wurde in dem erwähnten Patent nicht darüber berichtet, wie schnell sich die radioaktiven Teilchen bei einer entsprechend hohen Gleichspannung an den Drähten ansammeln? Um welchen Faktor wird sich die Radonkonzentration an den Drähten erhöhen (10, 1000, oder über 1.000.000)?

5.3 Fortlaufender Nachschub für die zerfallenen Isotope?

Kann es nicht sein, dass sich zwar die strahlenden Radonzerfallsprodukte mit ihrer Halbwertszeit von ca. 3,8 Tagen wieder auflösen (weil sie strahlen), aber kommen nicht permanent neue Radonzerfallsprodukte auch hinzu? Stellt sich nach einer gewissen Zeit ein Gleichgewicht zwischen den neu hinzukommenden Mengen und den schon abgestrahlten Mengen ein?

5.4 Geologie am Wohnort und Sammelrate der geladenen Teilchen – ein Zusammenhang?

Wird sich das Ansammeln von radioaktiven Partikeln lokal unterschiedlich darstellen?

5.5 Hat eine lang anhaltende Trockenheit einen Einfluss?

Ist nicht gerade die oberste Erdschicht nach einer langen Trockenheit stark mit Radon belastet und tritt dieses Radon nicht dann beim Umpflügen des Ackers vermehrt aus, verbindet sich zusätzlich auch an Schwebekörpern und kann sich in noch größerer Konzentration an den stromführenden Leitungen der HGÜ ansammeln?
Abb. 5.2 und Abb. 5.3 zeigen die landwirtschaftliche Nutzung der Ackerflächen und der Wiesen direkt unterhalb der heutigen Hochspannungsleitungen.

Abb. 5.2 Landwirtschaftliche Nutzung direkt unterhalb der Stromtrassen

Abb. 5.3 Kühe weiden unterhalb der Hochspannungsleitungen

5.6 Kalium steckt in Kunstdünger

Was geschieht mit dem radioaktiven Kalium-40 aus dem Boden und dem kaliumhaltigen Kunstdünger, wenn z. B. der Landwirt unterhalb der HGÜ den Dünger in einer großen Wolke aufbringt? Lagert sich das strahlende Kalium-40 an den Drähten ab? Welche Konzentrationen sind dann an den Drähten der HGÜ Leitungen zu erwarten?

5.7 Der Einfluss von Starkwind

Über den Einfluss von Starkwind dürfte, nach dem Aufwirbeln von Staub und Sand während des Umpflügens des Ackerbodens, und dem direkt anschließenden, folgenschweren Unfalls auf der Bundesautobahn 19 im Jahr 2011, kein Zweifel mehr bestehen.

Unfallursache war nach Angaben eines Polizeisprechers in Rostock vermutlich Sand, den ein heftiger Wind von Feldern am Autobahnrand auf die vierspurige Fahrbahn geweht hatte und der den Autofahrern die Sicht nahm. Die A19 verläuft in der Nähe des Unfallorts entlang eines frisch gepflügten Felds. Die Sichtweite soll zum Unfallzeitpunkt weniger als hundert Meter betragen haben. Durch den aufgewirbelten Sand lag die Sichtweite auch nach der Karambolage zeitweise noch unter 50 Meter.

In Mecklenburg-Vorpommern wehte der Wind am Freitag trockenen Ackerboden über die Felder. Lang anhaltende Trockenheit in den vergangenen Wochen belastet regional die Landwirtschaft in Deutschland. Tief „Joachim" wird auch in den kommenden Tagen weiterhin in Norden und Osten für stürmisches Wetter sorgen, wie der Deutsche Wetterdienst mitteilte. [1]

5.8 Saharastaub kommt bis zu uns

Was ist eigentlich mit dem Saharastaub, der uns regelmäßig trifft?

Auch wenn es in den kommenden Tagen kühler wird: Wir müssen weiterhin mit Sahara-Staub rechnen. Die warme Luft aus Nordafrika hat Deutschland in den vergangenen Tagen nicht nur einen Vorgeschmack auf den Sommer beschert, sondern auch große Mengen an Wüstensand in unsere Gefilde geschaufelt. ‚Bereits seit vergangenem Samstag messen wir sowohl in höheren Atmosphäre-Schichten als auch am Boden eine erhöhte Konzentration an Sahara-Staub', sagt Harald Flentje, Aerosol-Wissenschaftler am meteorologischen Observatorium Hohenpeißenberg.

Besonders viel Sahara-Staub ging in Deutschland laut Deutschen Wetterdienst (DWD) südwestlich der Linie vom Emsland bis nach Oberfranken nieder. Entgegen der ursprünglichen Prognosen blieben die Werte aber doch unter denen der letzten Sahara-Staubattacke vom Januar.

Nicht nur in Deutschland rieselte der Sahara-Staub, sondern auch in weiten Teilen Europas: Während er in Großbritannien schon seit Tagen für Smogalarm sorgt, vermischte er sich im Nordosten Spaniens mit Regenwolken und ging dort als heftiger Schlammregen nieder. Der überzog vor allem die Mittelmeer-Insel Mallorca sowie die Region Katalonien mit einer dicken Schmutzschicht.

Nach Schätzungen des Wetteramts regneten auf Katalonien etwa 50 000 Tonnen Sahara-Staub herab. In der Gegend von Barcelona dürften pro Quadratmeter etwa zwei bis vier Gramm Sand auf die Erde gefallen sein, teilte die Behörde mit. In der katalanischen Metropole waren Straßen, Bürgersteige, Autos und Müllcontainer mit einer bräunlichen Schicht bedeckt. [2]

Abb. 5.4 gibt ein erstes Bild darüber, wie sich Sand und Staub schon bei sehr geringer Windgeschwindigkeit von den Wüstendünen ablösen und verfrachtet werden.

Abb. 5.4 Dünen entstehen durch Sandverfrachtungen. Dabei gelangt permanent Staub in große Höhen

5.9 Die Abbaurückstände der Urangewinnung

Sind die Staaten in der Sahara (Niger) nicht auch die Hauptlieferanten für das Uran der französischen Kernkraftwerke und glauben wir, dass keinerlei radioaktiver Staub mit, in dem zu uns gelangten Saharastaub, enthalten ist?

Wenn Kasachstan der größte Lieferant von Uranerz ist und wir bisweilen einen starken Ostwind über längere Zeiträume haben, ist es ausgeschlossen, dass beispielsweise radioaktiver Abraum in Form von Staub bis zu uns gelangt und an den HGÜ angereichert wird?

Welche strahlenden Partikel können sich beispielsweise auch aus deutschen Lagerstätten von Uran absondern und aufgewirbelt werden?

5.10 Künstliche Zerfallsprodukte

Aus Kernwaffenexperimenten und Störfällen in kerntechnischen Anlagen sind auch ganz andere radioaktive Stoffe in der unteren Atmosphäre und umkreisen die Erde inzwischen vollständig. Wird die Konzentration dieser strahlenden Stoffe direkt an den HGÜ erhöht?

Sollte sich tatsächlich diverse strahlende Materie aus natürlichen Quellen und zusätzlich aus künstlichen Quellen an den Drähten der HGÜ anreichern, was wäre zu beachten?

5.11 Welches gesamte Ansammlungsvermögen haben die HGÜ?

Mit welcher radioaktiven Strahlungsintensität müssten wir an den Drähten der HGÜ Leitungen insgesamt, durch alle oben benannten Partikelarten, rechnen?

5.12 Mögliche Konsequenzen, sofern sich eine Strahlungsquelle in Form der HGÜ bildet?

Beleuchtung mehrerer Szenarien

1. Was geschieht bei Wartungsarbeiten an den Leitungen mit den dort arbeitenden Menschen?
2. Welche zusätzliche Strahlenbelastung ist dort zu erwarten? Ist die Einwirkung der Strahlung in den Arbeitsschutzvorschriften dieser Berufsgruppe berücksichtigt worden?
3. Fallen in einem stromlosen Zustand der HGÜ Leitungen die radioaktiven Partikel zu Boden?
4. Wie weit werden dann alle plötzlich losgelösten Partikel durch die unterschiedlichen Windeinflüsse transportiert?
5. Kann dieses Loslösen von angehefteten Partikeln an den HGÜ Leitungen nicht auch schon durch andere Umwelteinflüsse wie Wind, Regen, Schnee oder Eiskrusten (denken wir an die Schnee- und Eiskatastrophe im Westmünsterland im November 2005, als etliche Hochspannungsleitungen abgerissen wurden) geschehen?
6. Was passiert in solch einer Situation, wenn sich ein permanenter Strom von radioaktiven Partikeln von den HGÜ Leitungen in Richtung Erdboden einstellen würde?
7. Welche radioaktiven Stoffe, in welcher Konzentration kommen dann mit welchen Stoffen oder Lebewesen in Berührung?
   - Welche Veränderungen sind direkt im Grundwasser oder bei den Pflanzen und Tieren zu erwarten?
   - Welche Auswirkungen sind mit dem Eintritt in die Nahrungskette auch für uns Menschen zu erwarten?
8. Wie passt es zusammen, dass die HGÜ Freileitungen vorzugsweise in Naturschutzgebieten errichtet werden dürfen?
9. Wie wird die Entscheidung, ob eine Erdverkabelung oder eine Freileitung verwendet wird, in den großen Waldgebieten, die sich im Besitz der Gebietskörperschaften befinden, wohl ausfallen?
10. Könnten durch die Ansammlung der strahlenden Materie auf einem begrenzten Raum nicht auch andere Stoffe wiederum zu Strahlern werden?
11. Ist völlig auszuschließen, dass kobalthaltige Stähle bei den Strommasten nicht durch die Einwirkung von Strahlungen, die dann von den Leitungen ausgehen, selbst zu Strahlern werden?

5.13 Das weitere Vorgehen

Abb. 5.5 Hochspannungsmast mit Vogelnest

12. Häufig landen Vögel auf Freileitungen. Was geschieht, wenn Alphastrahler oder Betastrahler direkt auf die Vögel durch die Haut oder Körperöffnungen einwirken können?

Abb. 5.5 zeigt, dass Vögel gerne die Hochspannungsmasten zum Nestbau benutzen.

5.13 Das weitere Vorgehen

Offensichtlich wurde viel Geld für die Untersuchungen der Energiewende aufgewendet und viele Aspekte wurden dabei beleuchtet. Warum sind diese hier beschriebenen und recht naheliegenden Effekte bisher nicht beleuchtet worden, oder warum wurde bisher darüber nichts veröffentlicht?

Bisher sind wir davon ausgegangen, dass nur die Atomkraftwerke an sich und die Lagerstätten für abgebrannte Reaktorstäbe Strahlungsquellen darstellen. Müssen wir uns daran gewöhnen, dass die Hochspannungsleitungen die künftigen radioaktiven Strahlungsquellen in unserer Umwelt sind (siehe Abb. 5.6)?

Abb. 5.6 Hochspannungsleitungen verteilen den Strom von einem Atomkraftwerk

Wäre es nicht klug, sich den hier gestellten Fragen sogleich in einem neutralen Forschungsvorhaben zu widmen und darüber offen und ehrlich zu berichten?

Trotz der Kehrtwende, künftig die HGÜ Leitungen unterirdisch zu verlegen, bleibt die Frage nach den Teilabschnitten, die als Freileitungen ausgeführt werden sollen. Inwieweit sich bei den (isolierten) Erdkabeln der HGÜ ähnliche Fragen, wie hier dargestellt, stellen, ist gesondert zu hinterfragen.

Gerne komme ich nochmals auf die Einführung zurück. Ich bin weder gegen die HGÜ Leitungen, noch gegen die Energiewende, sondern sehe mich hier lediglich als neutralen Fragesteller in diesem bestimmt komplexen Themengebiet.

Literatur

1. siu/dpa/dapd (2011) Spiegel Online vom 08.04.2011, Massenkarambolage auf A19: Sandsturm auf Autobahn bei Rostock – mehrere Tote, (http://www.spiegel.de/panorama/massenkarambolage-auf-a19-sandsturm-auf-autobahn-bei-rostock-mehrere-tote-a-755908.html), Zugegriffen: 08.07.2015
2. Jennifer Litters, FOCUS-Online Redakteurin (2014) Fokus Online vom 03.04.2014, (http://www.focus.de/gesundheit/ratgeber/asthma/symptome/saharastaub-bedeckt-deutschland-wie-gefaehrlich-ist-der-wuestensand_id_3740440.html), Zugegriffen: 08.07.2015

MIX
Papier aus verantwortungsvollen Quellen
Paper from responsible sources
FSC® C105338

If you have any concerns about our products,
you can contact us on
ProductSafety@springernature.com

In case Publisher is established outside the EU,
the EU authorized representative is:
**Springer Nature Customer Service Center GmbH
Europaplatz 3, 69115 Heidelberg, Germany**

Printed by Libri Plureos GmbH
in Hamburg, Germany